經營顧問叢書 337

企業經營計劃〈增訂三版〉

章煌明　黃憲仁　編著

憲業企管顧問有限公司　發行

《企業經營計劃》 增訂三版

序　言

　　早期的企業經營者甚少在經營管理改善、生產技術提升上下功夫，認為不需要會計報表做為經營策劃之依據，當然亦無須分析報表，以瞭解經營狀況。所有經營數據及營運計劃，都記憶在腦海中，想到什麼做什麼，大小事務一把抓，忙得團團轉。一切自己來，大權在握，好不神氣。所有管理理論及方法，對他而言，均屬多餘。在這種企業文化背景下，工廠產銷秩序混亂，產品品質無法提升，生產力低落，員工缺乏敬業精神和向心力，企業在盲無目標的摸索下經營，如何能經得起激烈的生存競爭，令人憂慮！

　　企業缺乏正確方向，使企業經營管理陷入瓶頸而無法突破。企業在缺乏正確方向的情況下經營，無異於盲目摸索，有如瞎人走路，何時會掉入泥濘深淵，完全無法控制。

　　經濟成長已邁向高度發展階段，市場競爭更激烈，如不設法提升經營管理技術來配合，實難有突破性的發展。

　　在此高度工業化的社會中，企業已經進入以計劃性、戰略性去開

發經營的時代了，隨著新時代的要求，企業經營計劃的需求也就更為殷切。

做事一定要選擇正確的方向，並且賦予它動力，努力完成它。有這麼一個《亂爬的螃蟹，方向決定命運》的故事：

兔子、烏龜、青蛙、螞蟻和螃蟹等一群小動物，聚在一起，準備外出遊玩，它們的目的地就是對面那座美麗的大花園。

大嗓門的青蛙擔當了這次旅遊團的隊長，他高喊了一聲：「齊步走！」

大夥立即行動起來，青蛙邊跳邊喊口號：「加油，加油！」顯然大家都服從這個臨時隊長的安排。小兔子笑嘻嘻地衝在最前頭，烏龜也在使勁地向前爬，螞蟻在後面拼命追趕……

這時，後面卻傳來了螃蟹的聲音：「你們全瘋了嗎？往那裏走呢？」還一邊橫著往另一個方向爬。

青蛙連忙回來叫螃蟹歸隊：「螃蟹大哥，你走錯方向了，趕緊歸隊吧！」

螃蟹卻瞪著眼罵道：「你瞎眼了嗎，應該是讓你們歸隊！」

無論大夥怎麼呼喚，螃蟹都只當沒聽見，還是自以為是地朝那個錯誤的方向急急爬去，大夥兒歎了口氣，只好各走各的路。

螃蟹嘴裏吐著白沫，一個人嘟囔說：「明明我的兩眼始終盯著那座花園，絕對沒錯的。它們卻不聽我的，疏遠我，肯定是由於嫉妒。這不是明擺著的嗎，它們誰的手腳比我的多？」可是，螃蟹的手腳越多，跑得越起勁，離目的地卻越來越遠。

要想有一個完美的結果，首先就要清楚你選擇的正確方向，並且努力去執行它。

本書就是針對企業如何規劃、執行經營計劃，實例講解，提

出具體步驟，極適合公司的經營者、總經理、部門主管閱讀。

　　企業必須創造利益。企業如果無法創造利益，就不能生存。利益是不會自己產生出來的，**利益必須是被計劃出來的、被追求出來**。要先設定出目標，然後追求目標，並在此一目標之下，有計劃的執行工作。

　　每一企業，依業種、業態，以及規模的不同，更由於經營者的想法、作法、以往的實績、管理水準的高低等等不同，因此，很難找尋出一種能夠適合於所有企業的經營計劃方法。企業必須為自己找尋出適合於自己的特有經營計劃，找出適合自己的特有計劃後，才能夠找出經營目標，規劃目標工作。

　　成功的公司，必須先確定適宜的目標，接著就心無旁鶩，不斷地朝向那個目標而努力，直到圓滿實現它。

　　養叔很擅長射箭，傳聞他能在百步之外射中楊樹枝上的葉子，並且百發百中。楚王不信，便請來讓他示範，後來心悅誠服地拜他為師。

　　養叔很認真地將自己的心得技巧傳授給楚王，經過一段時間的學習之後，楚王覺得能上手了，便打算做些實戰練習。他來到郊區，讓手下人將事先準備好的鴨子放了出來。

　　正當他準備放箭時，一隻野山羊蹦了出來，楚王便拿箭對準了它，心想：真是天賜的獵物啊。

　　後來又出現了罕見的梅花鹿，楚王又改變了注意，對準了梅花鹿。接下來總是有不同的干擾，楚王將箭對了又對，那支箭還在手上，始終沒射出去。

　　楚王最後放棄了那些珍貴的東西，重新拉開弓要專心射鴨子的時候，眼前卻是空空一片，連鴨毛都沒有。

　　楚王很生氣地扔下箭離開了。

先確定適宜的目標，接著就必須心無旁騖，不斷地朝向那個目標而努力，直到圓滿實現它。

年度經營目標確定後，接下來的工作就是要規劃如何保證經營目標的順利實現，這需要相關目標的責任擔當主體對目標進行細化，進而提出目標實現的行動步驟和方案。企業制訂<經營計劃>不僅要關注計劃的目標，更需要特別關注實現計劃的路徑。

企業不僅要告訴各個執行部門今年完成的目標是什麼，還要告訴它們如何完成，需要多少資源，怎樣控制管理完成計劃的過程，以及完成目標的各個關鍵點。

本書是黃憲仁、章煌明兩位經營顧問師多年輔導企業成功經驗，內容敘述以簡明文字撰寫，注重明確易懂的圖表及數據分析，找出最佳可行方案，提供經營者作決策上的參考與抉擇，應用於實際工作，不斷強化經營實力，謀求企業之健全經營，確保企業之持續成長和長遠之發展，為企業創造更美好之前景。

2020 年 1 月

編者註：你是否關心公司經營管理的規劃與執行！你是否想要提升部門執行力！請參考本公司下列相關圖書：
- 企業經營計劃（增訂三版）420 元
- 各部門年度計劃工作（增訂三版）420 元

郵局劃撥帳號：18410591
郵局劃撥戶名：憲業企管顧問有限公司 TEL:03-9310960

《企業經營計劃》 增訂三版

目　錄

　　編者註：你是否關心公司經營管理的規劃與執行！你是否想要提升部門執行力！請參考本公司下列相關圖書：
　　　　・企業經營計劃（增訂三版）420 元
　　　　・各部門年度計劃工作（增訂三版）420 元
　　郵局劃撥帳號：18410591
　　郵局劃撥戶名：憲業企管顧問有限公司　TEL：03-9310960

第 1 章

企業經營計劃有助於業績提升

第一節　為什麼要設法訂定經營計劃

一、訂定經營計劃有助於業績的提升

　　一般經營改善或經營計劃，總是在公司業務呈悲觀性的狀態時，才產生出來的。這也就是說：「以往的成長率，在最近有衰退的現象，利益不像以往增加得那麼多。以往非常不錯，考慮今後的情形，無法樂觀，如果依然採行與以往相同的方法，則業績很可能會衰退」，因此，需要訂定經營計劃。

　　當然，也有經營者，在認為自己的公司能夠與以往保持相同良好狀態的情況之下，依然願意訂定經營計劃。例如，這樣的人會認為「現在的業績很不錯，在最近的將來，將可繼續成長，不過為了使將來更好，所以現在要訂定經營計劃」。事實上，即使經營者是這樣想的，內心也對將來懷有某種程度的不安，認為和以往一樣的良好狀態，不

可能永遠繼續下去，為了未雨綢繆，而打算訂定經營計劃。

　　現在可以獲得很好的利益，在可見的將來，業績能夠持續成長，經營者絲毫不會感到不安時，多半都不會去訂定經營計劃。一般來說，都是在事態惡化，或者尚未惡化，而有惡化可能時，為了促使業績的提升，而訂定經營計劃。

　　可是，觀察許多企業的經營計劃，其實際情況，多半只是操作數字，或者使數字相互吻合而已。當然，對於銷貨收入或利益，有訂定預估數字的必要，但是僅止訂定出預估數字，並不能表示必然能夠達成數字所代表的目標。經營者應當深刻地瞭解到，數字只能用來訂定計劃表，而計劃表上的數字，絕不是自動達成的。

二、不可讓經營計劃變成了利益預報

　　想來沒有任何人聽過「天氣計劃」這個名詞，而且也沒有人用過這個名詞。這是為什麼呢？這是因為，即使我們能夠預測天氣，但是以人類的努力，是無法使天氣變成晴天，或者變成雨天的。人的力量無法左右天氣，因此，我們只能作天氣預報，而無法訂定天氣計劃。

　　相對的，我們使用經營計劃或利益計劃之類的名詞，但是卻不使用經營預報或利益預報之類的名詞。因為企業的業績與天氣不同，可以經由我們的努力，而獲得改善。如果對於企業的將來也像天氣一樣，即使作過一番努力，也無法使業績獲得改善的話，那麼，我們對於企業所作的，只能說是預報，而不能稱之為計劃。事實上，從企業的實際狀況來看，所訂定的許多計劃，其內容只能稱得上是「預報」而已。

　　現有的狀態如果能夠繼續下去，能夠照我們的希望，達到目標的

話,那麼我們就沒有特別去訂定計劃的必要。昨天的業績,如果明天也確實能夠同樣達成的話,當然就沒有必要去訂定計劃了。當我們覺得,今後可能產生與以往不同的問題,而用以往的方法無法應付,或者無法順利應付時,為了找出適當的解決辦法,於是我們想到要訂定計劃。

　　簡單地說,也就是「今後多半會發生與以往不同的環境變化或問題。用以往的作法,自己的公司可能就會趕不上時代,為了因應新的情況,應儘快作出適當的對策」,有了此種危機感之後,就會開始訂定計劃。所訂定的計劃,如果僅是目前實績的延長,或者用數字表示出所希望的銷貨收入、利益等的話,這是沒有意義的。必須細心研究出實際上能夠達成目標的策略。

三、經營計劃並不是一種預測

　　在訂定經營計劃的時候,當然需要預測,但是計劃的本身並不是預測。這一點,雖然是理所當然的,但卻常會使人誤解。

　　例如,某一位經營者曾經說過如下的話:「本公司的計劃,是由會計課長訂定的,他訂定出計劃之後,詢問工作現場的意見,然後再作全公司性的調整,最後由我來認可。不過,他所訂定的計劃數字,都是預估的數字,因此,要用他所訂定的計劃來預測將來,是很困難的」。也有的經營者會這麼說:「由於無法獲得正確的預測數據,所以本公司很難訂定經營計劃」。

　　人總是希望能夠做出正確的預測,但首先應當瞭解,作出完全正確的預測是不可能的。道理是這樣的,也許此道理稍有矛盾,但卻應當是,「希望對將來作正確的預測,可是,卻辦不到。因此,需要訂

定計劃」。

也有人認為，「將來的事誰也不知道，眼前是一片漆黑，不過嘛，船到橋頭自然直，到時候總有辦法」。可是，如果真的到時候有辦法的話，就沒有特別去訂定計劃的必要了。正因為到時候可能沒有辦法，所以需要在事前作各種的準備，因此需要訂定計劃。

首先，需要對將來作一番預測，就預測的結果，考慮「該怎麼辦？」同時應當檢討「應採取什麼樣的步驟？」

第二節　經營計劃前的準備

一、計劃的必要條件

計劃可說是達成目標或方針的具體手段與過程，為了使計劃更具實效性，就必須要有以下所敘述的必要條件。

1. 經營方針和經營計劃間不相抵觸

企業的基本計劃和個別的數項計劃之間，必須要有共同的統一方針。比如由一位銷售員的目標額來看銷售計劃中的目標銷售額，若是不增加銷售員便無法達成時，勞務計劃中便必須增加人員，否則在個別計劃間便會發生矛盾。像這種問題是基本計劃和個別計劃之間容易產生的衝突，但是並不代表計劃本身。

2. 計劃具有彈性

計劃，是以對將來的某一特定預測為基礎而製作出來的。因此若是預測有 100%的準確性，就沒有任何問題了，但事實上，根本不可能有那麼絕對的準確。所以即使在預測上只有些微的誤差，也需要足

以對應的計劃來補救，事前準備數種備用方案，在預測的可能範圍內加以取捨。有些經營者在一旦決定方針之後，便不顧一切往前衝刺，到頭來卻是一敗塗地。

當然，在執行計劃時所作的努力，是非常重要的，但是仍然要針對事情，來作一番裁量。

3.不論由誰執行，都可往同一方向前進的計劃

這裏所指的意思，就是不依個人的能力、經驗差距，而對計劃的理解有所不同。

因此，第一，內容必須平易、單純。在表現的方法上，或是內容的具體性上，都是非常重要的。第二，只要付出相同的努力，不管是誰，都可以順利執行。除此之外，也要考慮個人能力、經驗的差異，使其有發揮獨自個性的經營理念是企業的骨幹餘地。這是因為若不預留發揮獨自個性的餘地，對於計劃的實現意識就會很薄弱，甚至有不願執行之虞。

4.計劃必須有執行的可能

這項和3.有很密切的關係，但是計劃並非桌上的空論一般不切實際。在檢討計劃的同時，也需考慮實現的可能性。不能只是抱持著「想要這樣做，我想應該可以吧！」希望的觀測。希望的觀測本身並非不好，只要對照現實的情況，檢討是否具有可能性，使員工能夠理解，訂立出有實現可能的計劃才是最重要的。

二、經營理念的確立

為了有計劃地執行企業經營，而清晰地意識企業的目的，便成了刻不容緩的步驟。同時只是意識的話，並不十分充分。經營者的想法、

經營理念，必須反映到企業的各個角落去。通常這便是以社訓、或是店訓的形式表現出來。而這並不需化為文字揭示在店內，不過可以藉由朝會的訓示，將經營者的想法徹底地傳達給員工，使全公司成為一體來展開經營。

　　關於「經營理念」目前尚未有統一的定義，但是和經營方針、企業目標同義的案例，卻也頗常見,掌握更實際的經營理念，以包括經營方針和經營目標的概念來考慮的。

　　在計劃當中，有長期的、短期的、也有綜合的、個別的內容。經營方針或經營目標，是全體經營計劃的前提，在各個計劃中，都應該確立各種方針或目標。

　　例如銷售計劃，便應有銷售方針、銷售目標。經營理念便是以掌握這些包括所有項目，作為計劃前提的方針、目標的內容，來理解理念、方針、目標的含義。而將這些名詞作嚴密區分的，大多見於重視經營者與員工之間的意見溝通的大企業。也就是說，經營者並非所有人，而是指專門經營者、薪水階級經營者。意圖決定的許可權也有多條管道，一層層移讓給下屬時，即使是一個名詞，也須有明確的定義。但是在中小企業，特別是中小零售店的情況下，與其重視用語的嚴密定義，倒不如將重點置於用語的理解上，使其能夠活用於經營方面。

第三節　經營計劃的種類

一、依期間區分的企業經營計劃

所謂經營計劃，是指將方針下所設定的目標、所須展開的諸多活動等等，加以具體表現的一種計劃。

在經營計劃之中，有各式各樣的種類及區分基準。在此將特別針對具現實性、實效性的中小企業作一番敍述。

首先，可由期間為基準來看待計劃。通常所謂的期間，是配合會計年，以一年為基準。也就是說一年的計劃是短期計劃，而一生以上的計劃，則稱為長期計劃。以一年的會計結算年，作為計劃的一段期間是最簡單的，由於與營業期間相同，因此可以順利配合企業某段期間的營運。

長期計劃和短期計劃，並不單單只是由期間來劃分，以計劃的前提目標、方針為背景，也是非常重要的。

舉例來說，某家商店訂立了「五年後將成為當地第一的商店」的目標，如此一來，便必須訂立這五年內有多少銷售額及人員數目之長期計劃，而在每個個別年，也要設定短期計劃。

同時，若是為了某些設備投資而向他人借貸時，其償還的計劃也要列入長期計劃之中。而每年應該償還多少，則是各個年都必須計劃的，自然也就成了一個短期計劃。對於區分長期計劃和短期計劃，則具有重大的意義。

區分長期計劃和短期計劃除了以營業期間來區分之外，另有其他

區分的方法。企業的基本構造（商店、人員、基本商品結構等）不發生變化的狀況下所設定的計劃，我們稱之為「短期計劃」；而包含基本構造有所改變的計劃，則稱為「長期計劃」。以此基準來區分短期計劃和長期計劃的學者，便稱此為「營業活動計劃」、「經營構造計劃」。

像這樣依企業的經營構造是否改變，視為基準所劃分的計劃，姑且不論其名稱，從實效性方面來看，就是相當大的工程。例如想要在地區上成為第一商店時，就必須拓寬商店。此時便要訂立何時需要多少人員，何時擴展建築物⋯⋯，這些包括經營構造的變化在內的長期計劃，並由整體的觀點來加以審視。當然，在訂立長期計劃的同時，也要訂立何時實施購買建築物、增加人員這些計劃的短期計劃。

二、各部門別的實施計劃

基本計劃可說是企業整體指標的計劃，通稱為「整體計劃」。整體計劃，主要是由經營者所作成的。關乎整體的預算，而且也納為基本計劃之中。預算也常由經理級的主管所作成，並不限定經營者。最具代表性的經營計劃，就是「長期經營計劃」。而在整體的意義上，也相當於「利益計劃」。

至於實施計劃，則是為了實際實現作為指標的基本計劃，所製作出來的具體計劃。例如前例「成為當地第一商店」的長期經營計劃中，其短期計劃的銷售計劃，便必須設定在這段期間內該達到多少銷售目標；在財務（資金）計劃中，便必須考慮每期內部要保留多少，所借貸的賬款該如何償還，訂立一個實施計劃。也等於說，基本計劃若主要是由經營者作成的話，那麼實施計劃，便是由管理者所作成的計劃。

實施計劃也可說成「執行計劃」，一般是短期的，具有個別的性

格。往後所述及的部門計劃，基本上也是指實施計劃。

三、以期間或問題別來區分的經營計劃

項目計劃不限定期間，是在特定的問題別上訂立完成的計劃。例如商店計劃、開發原始計劃、商品的計劃、新進員工的教育訓練計劃、購買或更換設備及備用品的計劃等，都是相當於此處所說的項目計劃。

至於期間計劃，則是擠進一定期間所有活動的計劃。長期計劃、短期計劃、基本計劃、實施計劃等等，在限定期間內而設定的計劃，則相當於這裏所謂的期間計劃。

換言之，項目計劃和期間計劃，是依是否限定期間來作區分的計劃。

計劃的種類，也就是藉由區分方法而有了各種分類。另外也有依人、物、財這些經營資源和營業的流程，來區分經營計劃的。具備這種想法的有財務計劃、勞務計劃，而依營業流程的計劃，則有採購計劃、銷售計劃等。除此之外，也有依學者而作各種的分類。

但此處必須要重視的，不是區分方法或區分名稱。我們可藉由區分，明確掌握各種計劃的內容，在實際訂立計劃之時，便能夠使用最適切的計劃，達到最佳的成果，這才是歸根結底的目的。

圖 1-3-1　經營計劃體系圖

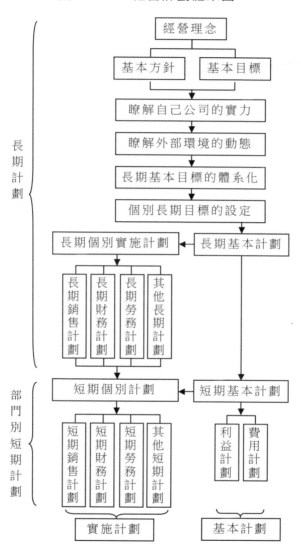

　　而這裏的中小企業，特別是以銷售為主體的企業，最主要是限定
了能夠使用的計劃種類。雖然有各式各樣的計劃，但是事實上，大多
是偏向於製造業企業所適用的計劃。而在銷售業中，也有一些無法實
際使用的計劃。不過最低限度，這裏所舉的計劃種類，仍必須加以區
分其間的程度。

　　而實施計劃，不一定只局限於現實的數值。例如實施計劃之一的
銷售員教育訓練計劃，是教導銷售員待客技術及商品知識為主要內
容，著重在質方面的提升。

　　但是計劃的表現，最好是平易近人、容易瞭解，所以應該盡可能
利用數字來表現。且以教育訓練為例，教育訓練這段期間需花多少時
間？研修費用多少？這些都需有明確的數值來表明。

🔊)) 第四節　　要制定適合本公司的經營計劃

　　有的公司認為自己並沒有訂定經營計劃，事實上這僅是就其體系
或就其組織而言，沒有訂定經營計劃。但是，完全沒有計劃的企業是
不存在的。貴公司也一定訂定了某種形式的計劃，雖然該計劃並不是
十分完美的計劃，但貴公司必然也在追求著更好的計劃。

　　為了訂定適當的計劃，往往就有必要去學習一般理論、方法，以
及其他公司的成功事例。不過，一般性的方法，以及某一企業成功的
作法，不但在條件上會有所不同，而且必定無法完全適應每一個企業。

　　依企業的不同，其業種、業態、規模也有所不同。此外，每一企
業因老闆的方針、經營幹部的想法、以及以往在經營上的作法與實
績、管理水準的高低、推行計劃者在公司內的地位等等，都會影響計

劃的訂定，使計劃產生不同的效益。

　　所以，很難找出某種最理想的經營計劃，去適應所有的企業。在訂定經營計劃之前，有必要儘量吸收一般理論、方法，以及其他公司的成功事例，但同時也應當注意自己的企業所擁有的特點，來訂定出適當的經營計劃，這樣，才能夠逐漸提高業績。

　　要想訂定出適當的經營計劃，並且有效地運用經營計劃，則必須具備種種的前提條件。例如，主管的責任與許可權，必須明確；必須有責任會計制度；必須對員工有所教育，並獲得員工的合作；必須獲得預測數據；必須獲得經營者的理解等等。不過，要想等這一切的條件都準備好之後，再訂定經營計劃，那麼不論等到什麼時候，都無法訂定經營計劃。因此，當這些前提條件，具備到某種程度之後，就可以開始訂定經營計劃。

　　當然，在開始實施所訂定的計劃之後，通常都會產生許多問題。同時，隨著時間的經過，企業內外的各種條件，也會發生變化。因此，如果一直使用相同的方法來推行經營計劃，就無法產生良好的效果。

　　在實行所訂定的計劃之後，必須同時追蹤是否產生了所期待的效果，如果未能產生所期待的效果時，應找出那一個部份發生了問題，並且掌握問題點，以求研討改善的策略。

　　一個企業是否傑出，端看所採行的方法是否能產生效果。事實上，任何方法，一直不斷地使用下去，其效果都會減低，為了提升效果，應當採行 PLAN(計劃)、DO(實施)、SEE(反省)的循環，就是不停地計劃、不停地實施、不停地反省，如此週而復始，必能提高效益。任何企業在某一時期所訂定的計劃，都無法適應所有的時期，因此需要隨時期的演變，而改善所應採行的策略。

第五節 「做什麼?做多少?怎麼做?」

觀察訂定計劃的實例,可以發現到,往往將重點放在銷貨收入、利益、利益率等的預估上,但卻輕視達成這些目標的方法。有許多公司所訂定的計劃,僅僅是操作數字或者使數字在計劃上相互吻合而已。

產生這種現象的最主要原因,是因為其作業方法,多半是由企劃負責人訂定計劃,訂定好的計劃由經營者過目予以認可而已。換句話說,也就是企劃負責人的工作,就是訂定計劃,訂定計劃是他不得不去做的一件工作,做這件工作之前,經營者並未給予任何指示,因此,企劃負責人只能用過去的數字作參考,訂定出今後的預估數字。

此外,訂定預估數字是一件非常容易的工作,但是,研擬出能夠達成預估數字的方法,則是一件非常困難的工作。訂定預估數字非常簡單,只要「把銷貨收入比現在提高10%」、「成本降低5%」就行了,可是,要達成這些目標,則必須有具體的方法。具體的方法是很難研擬出來,同時也很難實行的。

有的人認為「將來的事情未可預料,只要靠努力與耐性就夠了」,即使作如是想,但是要怎麼努力呢?總得想出努力的方法,否則就無法訂定出計劃。計劃的內容應當包括了「做什麼(目標專案)、做多少(目標水準)、怎麼做(方針、策略)」。

一、制定經營計劃應注意的要領

1. 不考慮是否能夠達成，都應當制定出企業的希望水準

雖然不考慮是否能夠達成，但所制定出來的希望水準，必須與現在的業績相符合。業績不良的公司，即使立刻訂定出與一流企業相同的水準，也是毫無意義的。因此，希望水準必須根據銷貨收入、利益、利益率、生產力等指標所顯示的數值，加以計算，然後訂定出來。

2. 應當預估出以現行作法所推移出來的將來水準

也就是說，現在不作積極的設備投資，不開發新的市場，不找尋新的客戶，不製造新的產品，不使用新的技術，僅依靠現有的作法，將來會演變到某一水準，應將此一水準預估出來。

圖 1-5-1　如果置之不理，任其發展，業績會逐漸降低

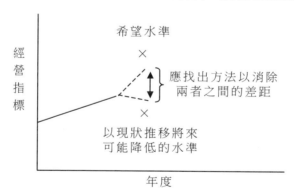

企業的希望水準與不講求改善策略，任由現行作法發展下去的水準之間，有一段距離，其間的關係有如圖 1-5-1 所示。即使採用現在的方法，能夠讓將來的水準在短期內有所提升，但是就較長的時間來說，由於企業之間競爭激烈，如果僅採行現有的作法，必定會被淘汰，

業績也必定衰退。

所謂企業經營，就如同是從上往下降的電動扶梯，必須不斷地努力從下面往上跑，否則，就必定會被降下來。這也就是說，只依靠現有的作法，而不講求改善的策略，那麼經營狀態就必定日益惡化。因此，作為經營者的人，必須研擬適當的改善策略，以求彌補希望水準與推移水準之間的差距。

要想達成希望水準，僅靠所定出來的目標數字，是無法提升業績，達到希望水準的。要想達到希望水準，必須採行一連串的策略，積極努力，才有達成的可能。

雖然有訂定目標數字的必要，但如果僅止流於操作數字，則是毫無意義的。在訂定計劃的時候，首先檢討「做什麼、做多少、怎麼做，並求其達成方法」是至為重要的。

二、訂定目標數字，研擬實行策略

1. 同時訂定期間計劃與個別計劃

經營計劃由期間計劃與個別計劃所組成。

期間計劃，依性質的不同以及期間的長短，又可分為長期計劃與短期計劃。長期計劃是指期間比一年長的計劃，通常以三年為一期的情形居多。而在實際作業上，通常又將三年計劃，稱之為中期計劃，而一般所說的長期計劃，則泛指期間比一年長的計劃。相對的，所謂短期計劃，就是一年以內的計劃。

所謂個別計劃，就是與期間計劃相對，用來解決單一問題的計劃，個別計劃又可分為基本計劃與業務計劃。基本計劃與業務計劃兩者之間，很難作明確的區分，不過一般來說，可以作相對性的區分。

　　基本計劃又稱之為結構計劃,也就是對企業的經營結構能產生直接影響的計劃。例如包括了,長期重要人員計劃、吸收、合併計劃、新產品開發計劃、設備投資計劃、銷售流程改善計劃、新領域開拓計劃、海外發展計劃等。

　　業務計劃又被稱之為營運計劃,也可稱之為部份性計劃,其性質包括了日常的業務活動。例如,包括了設備的部份性合理化、產品的改善、技術性改良、降低成本的方法等。

圖 1-5-2　經營計劃的體系

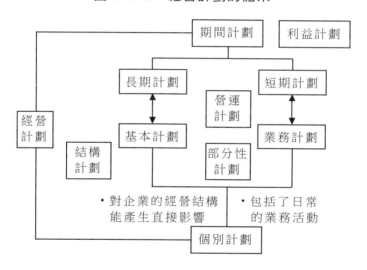

　　基本計劃,有助於經營結構的改善與變化,應以長期性的觀點來作準備,因此,應當與長期計劃相結合。換句話說,所謂長期計劃,並不是以計劃期間的長度來區分,而是以計劃內容能夠長期對經營發生影響之點來作區分。相對的,業務計劃通常就需要與短期計劃相結合。

　　期間計劃,也就是利益計劃,計劃的內容包括一定期間內的銷貨

收入、利益、資金等問題，對於這些計劃內容，僅用數字來表示，是沒有意義的。在期間計劃的背後，必須訂定個別計劃，以幫助期間計劃的達成。個別計劃依內容與性質的不同，會產生許許多多單一的計劃，這些單一的計劃，需要與期間計劃相配合，並以整個公司的業務為觀點，加以調整。因此可以知道，期間計劃與個別計劃之間，有非常密切關係。

2.經營計劃與利益計劃的意義

經營計劃與利益計劃這兩個名詞，通常在使用上，都未被嚴格地區分開來。如果說得明白一些，經營計劃以及利益計劃，包括了下列各種意思：

⑴有時可以把經營計劃當作與利益計劃完全相等的意思來使用。也就是說，利益計劃包括了個別計劃與期間計劃。

⑵有時把經營計劃當中，用來表示銷貨數量、設備、重要人員等的數量計劃，以及表示銷貨收入、利益等的金額計劃，稱之為利益計劃。

⑶有時將經營計劃中的預估損益表，以及資金計劃表等，稱之為利益計劃。

經營計劃指的是「預測環境可能發生的變化，設定企業的目標，並研擬達成目標的策略」，經營計劃包括了個別計劃與期間計劃，也就是包括了利益計劃在內。

利益計劃指的是「使利益、銷貨收入、費用等，與資本有關的部份，朝有利方向發展的計劃」。具體來說，利益計劃包括了預估損益表，資金計劃表等，僅有了這些計劃表尚不足，還需要有達成計劃表中所列目標的方法才行。

本書的書名強調經營計劃，就是希望讀者在注意目標數字的同

時，應當一併注意達成目標數字的方法。

　　僅止訂定了目標數字，而沒有詳細的實行方法，則無法期待產生預期的效果，因此可以知道，研擬適當的方法，以求達成目標，至為重要。

第六節　經營者的態度能夠決定一切

一、應瞭解計劃表僅只是個工具

　　在訂定計劃的同時，首先需要掌握實際狀況。書中列舉了各種的分析表。對各種分析表加以檢討，就可以瞭解現狀。例如，銷貨利益率降低，就表示帳款回收不良。

　　但是，分析表的功能也只能到達這種地步而已，並不能找出問題點的所在，也無法判斷發生問題的原因，更無法作適當的處置。找出問題點，找出原因，作適當處置，都需要借助利用分析表的人。

　　製作出計劃表，這份計劃表即使上面填入了目標數字，但是僅是操作數字，則沒有太大的價值。如果在計劃表的背後，沒有促使達成目標的方法，則計劃表沒有價值。如果計劃表僅是計劃負責人的書面作業，計劃表一樣沒有價值。計劃表如果是在相關人員熱心討論之後，制定出來的，則比較具有價值。

　　許多人都會有一種錯覺，以為制定出計劃表之後，表上的計劃就會自動達成，結果總是習慣於將計劃表放在抽屜的深處。事實上，計劃表並不能控制經營者或從業人員的決心、判斷能力、以及行動能力。不論是分析表也好，計劃表也好，都只不過是能夠幫助經營管理

的一種工具而已，並不是經營管理的本身。有方便的工具做起事來就比較容易，經營者如果能夠活用計劃表這種工具可提升業績，但是，經營者首先必須要設法瞭解計劃表的訂定方法與使用方法。

大多數的企業，都將計劃設定或月次管理，視作是預算課或會計課的工作。這種看法正是效果不彰的重大原因。

本來利益計劃，應當是經營者表示出需要提升某種程度的利益，需要採行某種作法之後，事務部門予以具體化之後的產品。當然，收集或整理計劃設定的資料，製成原始方案，都是計劃部門的工作，這些工作都只是事務性的處理工作，而不是決策性的工作。

雖然計劃設定是會計課的工作，但是經營者不應採旁觀者的態度。如果經營者袖手旁觀，則往往會使得計劃無法順利運行。必須瞭解到，經營者本身就是利益計劃的當事人。經營者如果對利益計劃表示強烈的關心，那麼不論制定了多麼詳細的計劃，依舊如「塑造了一尊佛像，但是沒有注入靈魂」一般。經營者有下列三項基本的任務。

⑴設法努力使企業能夠繼續發展下去。

⑵制定企業的行進方向與目標。

⑶找出方法使企業向目標前進，不偏離目標。

這三項任務，都不是員工所能夠勝任的。在完成了利益計劃的制度之後，並不表示業績就能夠立刻獲得改善。因此，經營者在計劃的設定期間，實施的階段，反省的過程中，都必須一直表示強烈的關心，才能夠使利益計劃產生良好的成果。

二、應設法使員工以主動積極的態度工作

即使在形式上有了完備的利益計劃或預算制度，如果相關部門的

主管或員工，不予以合作的話，就無法產生成果。因為實際上在實施
計劃的人，並不是經營者或計劃負責人自己。利益計劃的實施，必須
由相關部門的員工通力合作。但是，在制定計劃的期間，往往僅有少
數人參與。

由少數人所制定出來的計劃，等於由上級壓迫給下級，下級會表
示「我雖然瞭解你說的這個計劃，但是我覺得沒有意義」。因此在制
定計劃的時候，應當讓員工參與，並且詢問「你的意見如何？如果是
你的話，對這個問題要怎麼處理？」這是非常重要的。

如果希望員工參與計劃的制定，則必須對員工施以廣義的教育。
員工的知識如果不足，不僅無法理解利益計劃，也無法通力合作，除
此之外，還會產生不滿或不信任感。負責與員工協調的計劃負責人，
不應使用專門用語，應對員工詳細的說明，應使用簡單的句子，以簡
單的方式。把計劃說明清楚。

當各部門的負責人將計劃資料或實績資料，向經營者或上級提出
之後，如果經營者或上級沒有採取相對反應的話，那麼各級主管或員
工的士氣就會低落。有了好的成績，應給予獎勵或適當的報酬。對於
不好的成績，應給予適當的叱責或指導。唯有如此，才能提高士氣。
員工努力的成果，如果不能獲得上級的認可，則員工必然無法產生高
昂的士氣。

第七節　經營計劃的態度

一、比較健全企業與缺陷企業

　　企業的財務狀況、收益力、生產力、成長力等之間，彼此有密切的關係。成長力與生產力有所提高，那麼收益力也就跟著提高，財務狀況也就會變好。

　　財務狀況如果良好，對收益力會產生良好的影響，可以觀察表1-7-1的資料。這裏所稱的健全企業，就是能夠創造利益的企業。

表 1-7-1　健全企業與缺陷企業的比較（以製造業為例）

經營指標	健全企業	缺陷企業
1. 總資本經常利益率	9.0%	0.8%
2. 銷貨經常利益率	5.5%	1.5%
3. 銷貨毛利益率	22.9%	18.3%
4. 推銷費、管理費率	18.0%	21.8%
5. 自有資本比率	31.8%	21.6%
6. 每人平均年生產額	16649000 元	14868000 元
7. 每人平均年加工額	6746000 元	5533000 元
8. 加工額比率	40.5%	37.2%
9. 加工額對人事費率	42.0%	47.6%
10. 每人月平均人事費	236000 元	219.6000 元

　　總資本經常利益率，是表示收益力的中心指標。

　　銷貨經常利益率，是總資本經常利益率中的一個構成因素。健全企業的銷貨經常利益率通常都很高。銷貨毛利益率較高，則推銷費、管理費率較低。

　　自有資本比率，也稱之為自有資本構成率，也就是資產負債表總額中，所擁有的自有資本比率。健全企業的自有資本比率較高，換言之，也就是財務狀況較佳。

　　每人平均生產額及加工額，都能夠表示生產力。健全企業的生產力較佳。加工額，是從銷貨收入中，減去材料費、外包費之後，所剩下的餘額。加工額對人事費率，換句話說，也就是勞動分配率。由於健全企業的勞動生產力較高，因此即使每人平均人事費較高，而加工額對人事費率則較低。

　　收益力、生產力、財務狀況等之間，有密切的關係。缺陷企業應設法努力將這些指標的水準，儘量與健全企業接近。此外，在這裏所說的健全企業，只不過是沒有赤字的企業而已，健全企業不應以沒有赤字為滿足，應力求向上。

　　因此，在訂定計劃的時候，首先須掌握現狀，設定目標，同時檢討改善策略。

二、將問題點作明確的表示

　　如果某一工作場所，無法自由發言，當然另當別論，在一般的工作場裏，要指出問題點，並不是一件太難的事。最重要的，就是找出問題點之後要設法改善。然而許多的企業，雖然能夠指出問題點，而問題點卻始終無法與改善的策略結合在一起。

　　要想解決問題點，首先必須具體地表示出問題點。以模糊的方式

表示出問題點，與問題點相關的人士在一起交談，往往無法作出有效的對策。對問題點必須明確地指出來，而不能用抽象性的看法或抽象性的表達方式。

例如，某一企業開會時表示，生產力有降低的趨勢，僅止這樣大略地表示，與會的每一個人心裏所想的解釋是各不相同的。所謂生產力較低，指的是每人平均銷貨收入及每人平均附加價值嗎？指的是銷貨收入與經常利益較低嗎？即使較低，低到什麼程度呢？是與其他公司相比較的嗎？是與過去的水準相比較的嗎？這些都必須明確地表示出來。因此，不應當僅籠統地表示公司的生產力較低，應當明確地表示出來，是生產部門的較低，還是營業部門的較低，或者是間接部門的較低，甚至是某一事業所較低，必須明確地指出那一個單位的生產力較低，因為對不同單位所採行的改善策略，也是不相同的。具體表示出問題點的方法，有下列各種。

表 1-7-2　提出問題點的 4W1H

提出問題點的 4W1H		
(1)	What	具體表示問題是什麼。
(2)	Where	個別表示出問題在那裏。
(3)	When	以期間表示問題從什麼時候開始發生。
(4)	How	用數字表示出是什麼程度的問題。
(5)	Why	明確地表示出問題的原因。

1. 應具體地表示出問題是什麼？並讓相關人士擁有共同的解釋。

2. 明確指出問題在那裏？不應只以全公司為單位，應部門別、事業所別、製品別，找出問題點。

3. 什麼時候開始有問題的？從以前開始的嗎？是最近的事嗎？

還是某一特定期間的事呢？

4.是什麼樣的程度呢？盡可能用金額或%等數字表示出來。

5.該問題是那些原因造成的呢？應確實找出真正的原因。

三、找出原因並請求改善策略

在作現狀分析或檢討問題點時，非數字性的重要因素，當然也很重要，但是，絕不可忽略與數字有關的決算書或其他的管理資料。因為從數字資料，能夠瞭解銷貨收入的增加遲緩，利益率的降低，賬款回收不良等問題點的所在。

僅只強調要增加銷貨收入，提高利益率，改善帳款回收，是無法解決問題的。銷貨收入的停滯，利益率的降低，並不僅僅是由於從業人員努力不足所造成的，其背後隱藏著種種的原因。要將所有的原因正確地掌握住，是很困難的，因此，應盡可能找出主要的原因，並設法改善，否則僅只要求從業人員「要努力、要有耐性」是不夠的。對於現狀，收集了各種數字資料，如果不檢討造成優劣的原因，則不能稱之為現狀分析。

問題點的產生，是一種結果，因此必須追究其原因，否則就無法請求適當的對策，加以因應處理。就帳款回收不良來說，僅只訂出「回收率要達到若干%」的目標，是不夠的。發現帳款回收不良時，應檢討下列原因。因為有這些不同的原因，而產生了帳款回收不良的結果，注意這些原因，才能夠談到如何改善，進而訂定改善計劃。

帳款回收不良的原因有以下幾點：

⑴過分把重點放在增加銷貨上，而對帳款的回收，未訂定明確的基準。

⑵對銷貨債權的管理資料，不夠完備，不能靈活運用。

⑶所銷售的產品，在品質與技術上都較低，而且沒有特色。

⑷過分把重點放在增加銷貨上，而未能嚴格挑選顧客。

⑸信用調查作得不夠充分，因此擁有過多支付能力較低的顧客。

⑹營業部門人員，事務性工作過多，沒有餘暇去處理帳款的回收。

⑺經常對顧客延期交貨，因此無法順利回收帳款。

⑻不能按期交貨，而又接下緊急訂單，結果造成製造部門的混亂。

⑼營業部門與製造部門之間的協調不夠。

⑽營業部門負責人的管理能力太低。

四、對於理所當然的工作，須以理所當然的態度處理

作為一個學生，認真預習，認真復習以儘量增加自己的學識，是一件理所當然的事。可是這件理所當然的工作，並不是很容易做到，並不是每一個學生都努力預習、都努力復習。對於企業來說，情形也是相同的。

日本有一個重建公司的名人，他的名字叫作大山梅雄。他談到公司重建的秘訣時這樣說：「把足以造成公司倒閉的原因，逐項細加檢討，採行適當方法，消除這些原因之後，不論在任何情形下，公司都能夠重建」。這些話聽起來是理所當然的，正因為這些理所當然的事情，企業未曾認真去實行，因此而產生了許多倒閉的企業。說起來很容易，但實行起來卻是很困難的。總之，理所當然的事情，必須以理所當然的態度去處理。

公司倒閉的原因，從不同的觀點檢討，可以說是種類繁多。大山

梅雄，把倒閉的共同原因，歸納成下列四個項目：

1. 沒有主力銀行。
2. 公私混淆不清。
3. 沒有繼承者。公司內因派系而產生內部紛爭。
4. 工會的力量過於強大。

此外，從財務的觀點來看，可歸納成下列五個項目。這些項目經常相互影響，而造成資金週轉不良，結果使公司不得不倒閉。

1. 帳款回收的不良。
2. 盤存資產的過於龐大。
3. 固定資產的過於龐大。
4. 負債過於龐大（自有資本的不足）。
5. 利益的不足。

上述五個項目中的前三項，都是資產過於龐大。第一項帳款回收的不良，也就是銷貨債權過於龐大。第二項是盤存資產過於龐大，第三項是固定資產過於龐大。這三個項目在一般企業的總資產中，所佔的比率很大。換算成金額，金額的數字如果太大，惡化之後就會奪去企業的生命。

更重要的是五個倒閉原因會互相影響。例如，帳款回收不良時，相對的就會增加借款，增加應付票據，使負債增加，結果造成資金週轉不良。此外，許多公司倒閉的主要原因，都是支付的利息過高，壓迫了所獲得的利益。

倒閉之後，就結束了，但是在倒閉之前，應儘早發現不良的徵候，並尋求改善措施。

當然有人認為，如果容易改善的話，就不必辛苦了。的確，如果害怕辛苦不設法改善，那麼倒閉是無可避免的。

第 **2** 章

先打造企業戰略

🔊 第一節　從遠景到戰略規劃的步驟

(一)必須擁有一個夢想般的遠景

　　所謂遠景,是指由組織內部成員所制訂,並經由團隊討論獲得組織一致的共識,最後形成的大家願意全力以赴的未來方向。組織內部要結合個人價值觀與組織目的,通過開發遠景、瞄準遠景、落實遠景的三部曲,建立團隊,邁向組織成功,促使組織力量極大化發揮。

　　企業遠景大都是具有前瞻性的計劃或開創性的目標,作為企業發展的指引方針。世界上許多傑出的企業大多具有一個共同特點,那就是強調企業遠景的重要性,因為唯有借助遠景,才能有效地培育與鼓舞組織內部所有人,激發個人潛能,激勵員工竭盡所能,提高組織生產力,從而達到提高顧客滿意度的目標。

　　遠景是企業最終的一種存在狀態,甚至需要經過幾代人的努力才可以實現,但是企業必須要提出自己的遠景,指導所有人朝著同一個

遠景方向奮鬥。

建立企業遠景的原則是「你想成為什麼，所以你能成為什麼」，如果倒過來「你能成為什麼，所以你想成為什麼」，那就失去了遠景的感染力。因此，企業要關注遠景是否能讓別人熱血沸騰，甚至熱淚盈眶，能否經常讓你為它徹夜難眠，能否讓你有一種熱情、一股衝動，想將它與你的員工分享。

1946 年 5 月 7 日，兩個日本人為了夢想走到一起，他們決定要做點什麼。當時，他們沒有成型的產品，也沒有雄厚的技術儲備，更缺乏充足的資金，他們只有一個夢想，並且把這個夢想寫進了公司的《創立宗旨書》：「充分發揮勤勉認真的技術人員的技能，建立一個自由豁達、輕鬆愉快的理想工廠。」後來，這個夢想被很多國家翻譯成為：「用科技愉悅人類！」

兩個人要愉悅整個人類，看起來像個笑話。直到 1958 年，這個公司正式更名為「SONY」，世界才知道他們沒開玩笑。這兩個人一個叫井深大，另一個叫盛田昭夫。

直到現在，新力一直實踐著這個理想。新力生產遊戲機，製造隨身聽、筆記本電腦，推廣袖珍型的掌上影音設備，但是絕不生產刮鬍刀、洗衣機等。以目前新力的技術研發力量，它完全可以製造出品質非常好的刮鬍刀和洗衣機，有理由相信，即使礦泉水印上 SONY 的標誌也能拿到很好的銷量，但是它不做，因為這類產品不能產生「快樂」，因為 SONY 的遠景是「用科技愉悅人類」，不是滿足人類的基本需求。

（二）從遠景到使命

建立清晰的企業使命，就是對自身和社會發展所做出的承諾，也

是公司存在的理由和依據，更是組織存在的原因。

　　使命是在企業遠景的基礎之上，具體地定義企業在領域中所有經營的活動範圍和層次，具體地表述企業在活動中的身份或角色。它包含企業的經營哲學、企業的宗旨和企業的形象。

　　很多公司都有自己的使命陳述，但是很多公司的使命都沒有轉化為公司的自覺行為，沒有成為凝聚公司全體成員的感召力和動力。

公司名稱	使命描述
新力公司	體驗發展技術造福大眾的快樂
IBM 公司	無論是一小步，還是一大步，都要帶動人類的進步
通用電器	以科技及創新改善生活品質
迪士尼公司	使人們過得快活
蘋果電腦公司	借推廣公平的資料使用慣例，建立用戶對 Internet 的信任和信心
荷蘭銀行	通過長期的往來關係，為選定的客戶提供投資理財方面的金融服務，進而使荷蘭銀行成為股東最樂意投資的標的及員工最佳的生涯發展場所
微軟公司	致力於提供使工作、學習、生活更加方便、豐富的個人電腦軟體
惠普公司	為人類的幸福和發展做出技術貢獻
沃爾瑪公司	給普通百姓提供機會，使他們能與富人一樣買到同樣的東西
華為公司	聚焦客戶關注的挑戰和壓力，提供有競爭力的通信解決方案和服務，持續為客戶創造最大價值

(三)從使命到價值觀

根據企業經營使命，進一步即可形成企業價值觀。

企業價值觀是指企業決策者對企業性質、目標、經營方式的取向做出的選擇，是員工所接受的共同觀念，是長期積澱的產物。企業價值觀是企業和員工所共同持有的，是把所有員工聯繫在一起的紐帶，也是企業生存發展的內在動力，更是企業行為規範制度的基礎。

企業價值觀是企業與員工據以判斷事物的標準，一經確立並成為全體成員的共識，就會具有長期的穩定性，甚至成為幾代人共同信奉的信念，對企業具有持久的精神支撐力。

企業價值觀的作用，當某人認同了某企業價值觀的時候，他在該企業裏就會如魚得水，工作充滿激情，並願意為組織奉獻出最大的精力和能力；相反，如果他個人的價值觀和企業價值觀相悖，那麼組織會自動地將其排斥在外。也有人這樣說過，一名員工不論因為什麼離開公司，最終的原因一定是因為自身價值觀發生了改變。因此，企業價值觀可以作為企業挑選人才的一道天然標準。

◎砌牆與建設

三個工人在砌一堵牆。有人過來問他們：「你們在幹什麼？」

第一個人沒好氣地說：「沒看見嗎？砌牆。」

第二個人抬頭笑了笑說：「我們在蓋一棟高樓。」

第三個人邊幹活邊哼著小曲，他滿面笑容開心地說：「我們正在建設一座新城市。」

10 年後，第一個人依然在砌牆；第二個人坐在辦公室裏畫圖紙——他成了工程師；而第三個人，是前兩個人的老闆。

雖然三個人做的事情都是一樣的，但是他們面對工作的心態不一樣，所以結果也就不一樣。說砌牆的人以抗拒、抱怨的心態來面對自己的工作，他不會喜歡自己的工作，也就不能獲得發展，所以，他一直都在「砌牆」。說蓋樓的人以平靜、客觀的態度來面對自己的工作，所以，他最終成了一名工程師。而說建設城市的人以愉悅的心態來面對工作，甚至愛上了自己的工作，最終獲得長遠的發展，成了前兩個人的老闆。

（四）從價值觀到戰略規劃

根據德魯克的理論，企業戰略決定經營結構，企業使命則是確定戰略、計劃的基礎。企業有明確的使命，才能有明確的戰略方向和贏利模式。企業制定什麼樣的戰略，就會有什麼樣的行為。不能被執行的戰略是空想，沒有長遠目標的行為是盲動。沒有建立起戰略契約的組織，無法確定統一的行動方案。

第二節　公司戰略規劃的步驟

(一)願景描述：確定夢想

企業願景都是企業的發展藍圖，是企業永遠為之奮鬥、期望達到的理想場景。願景一旦確定，就需要企業全體成員將其作為終極目標去追求。願景描述就是要解決這樣一個最基本的問題：我們要成為什麼？我們將向那裏去？

那麼企業的願景是從那裏來的呢？確定願景對企業發展又有那些好處呢？一個企業不是由它的名字、章程和公司條例來定義，而是由它的任務來定義的。企業只有具備了明確的任務和目的，才可能制訂明確和現實的企業目標。

企業的願景可以集中企業資源、統一企業意志、振奮企業精神，從而指引、激勵企業取得出色的業績。

願景是企業對未來的憧憬，很多企業在缺乏清晰願景描述的情況下，很容易迷失發展方向，正如一個人在缺乏信仰的時候會迷失靈魂一樣。

企業願景就像宗教教義一樣，為全體員工樹立職業追求的終極目標，同時，願景還有助於在公司內部形成統一的價值理念和文化氣氛，讓員工把企業當成自己的家。

企業經營最大的內耗在於內部員工不清楚公司的目標，不清楚部門的目標和自己的目標，各自使力的方向不統一，因而造成極大浪費；願景可以很好地幫助企業規避這一困惑。

（二）戰略分析：認清環境

　　願景為企業描述了未來的發展場景，有了清晰的願景描述（我們要成為什麼？我們將向那裏去？未來會成為什麼樣子？）之後，企業還必須客觀分析面臨的經營環境，認清自身所處的位置，而這就是接下來的企業戰略分析。

　　在任何場合，企業的資源都不足以令其利用它所面對的所有機會或、廻避它所受到的所有威脅。因此，戰略基本上就是一個資源配置的問題。成功的戰略必須將主要的資源用於利用最有決定性的機會。

　　通常情況下，企業經營環境分析主要有兩個維度，即外部環境分析、內部環境分析：

　　1.外部環境分析，是透過收集和分析企業外部經濟、社會、文化、人口、環境、政治、法律、政府、政策、技術和競爭等方面的信息，確定企業所面臨的機會和威脅。

　　2.內部環境分析，是透過收集和分析企業有關管理、市場行銷、財務管理及投（融）資、生產製造、供應鏈管理、產品研發、品質管控、人力資源、企業文化、核心價值鏈優化等方面的信息，確定企業最重要的優勢和劣勢。

（三）戰略定位：尋找目標

　　企業在對外部環境、內部環境進行客觀分析之後，還需要將分析的結果用 SWOT 矩陣進行歸集和再分析，為企業進行戰略定位提供依據。

　　根據企業的 SWOT 分析結果，我們就可以確定戰略選擇的方向，通常情況下，企業會有很多選擇；前向一體化、後向一體化、橫向一

體化、多元化、併購、剝離,等等,都是可能的選擇之一,當然,企業還可以進行戰略組合選擇。但究竟是選擇單一戰略還是組合戰略,這需要評估企業自身的資源狀況,因為沒有一家企業能夠擁有足夠的資源來選擇和實施對其有益的所有戰略。

　　弗雷德‧大衛教授在《戰略管理》一書中將企業可以選擇的戰略分為四大類:一體化戰略、加強型戰略、多元化戰略、防禦型戰略。其中,一體化戰略分為前向一體化戰略、後向一體化戰略和橫向一體化戰略;加強型戰略分為市場滲透戰略、市場開發戰略和產品開發戰略:多元化戰略分為集中多元化戰略、橫向多元化戰略和混合多元化戰略(又稱無關多元化):防禦型戰略分為收縮戰略(重組戰略、扭轉戰略)、剝離戰略和清算戰略。

　　對於企業戰略的分類和選擇,邁克爾‧波特在 20 世紀 80 年代提出的戰略三部曲,各種戰略使企業獲得競爭優勢的 3 個基本點是:成本領先、差異化、專一經營。

(四)競爭戰略:鎖定目標

　　企業已經對自身所處的經營環境(外部環境、內部環境)有了全面的認知,同時也確定了需要進人的產業、區域、市場,明確了自己的客戶和產品選擇。企業可以像中國的格力電器一樣選擇專一經營戰略(冷氣機),也可以像美的電器一樣選擇多元化戰略(家電、物流、地產):可以像茅臺酒一樣選擇「一品為主,多品開發,做好酒文章;一業為主,多種經營,走出酒天地」,也可以像五糧液酒一樣選擇「一業為主,多元發展」……無論如何,企業最終究竟該選擇什麼樣的戰略,這與企業擁有的資源、所處行業、宏觀及微觀環境、願景及戰略意圖等因素都有很大的關聯。

很多企業在進行戰略規劃的時候，往往會有這樣的偏失，覺得有了戰略選擇就完成了戰略的規劃工作。僅有了戰略選擇還不夠，因為企業戰略的實現是在一個複雜、多變的環境中完成的，戰略選擇後，企業還需要確定和鎖定主要競爭對手，只有這樣才能保證戰略的實現。這就是我們通常所說的競爭戰略。

競爭戰略的確定需要秉承「鎖定法則」，具體地說，就是要確定誰是主要競爭對手，找準重點、鎖定目標，切不可草木皆兵，把所有的同行企業都當成自己的對手。

（五）職能戰略；分解目標

彼得·德魯克曾經說過；經營目標可以被比作輪船航行用的羅盤。羅盤是準確的，在實際航行中，輪船也可能偏離航線很遠；然而如果沒有羅盤，航船既找不到它的港口，也不可能估算達到港口所需要的時間。

可見目標對於企業戰略實施和經營的重要性。沒有目標的戰略不能稱為戰略，沒有目標的企業就如腳踩西瓜皮，溜到那裏算那裏。

企業在進行戰略實施的過程中，還需要對目標進行分解，例如新產品研發、生產製造及供應鏈、市場行銷、財務投資、人力資源等，這就是我們通常所說的職能戰略。

企業在進行戰略規劃的時候，為了能夠讓戰略規劃落地，需要慎重研討和確定職能戰略；而職能戰略的實現，則需要年度經營計劃作為載體予以保障。

企業在進行職能戰略規劃的時候一定要遵循針對法則（即針對戰略目標和業務戰略規劃職能建設），避免出現職能部門各自為政的現象。

（六）年度經營計劃：實現夢想

對於企業而言，發展戰略決定了企業的發展方向、經營範圍、價值鏈選擇、競爭手段等一系列決策性的問題，因此戰略問題解決了，就可以保證企業去做正確的事情。

表 2-2-1　企業發展戰略規劃與年度經營計劃比較

比較維度	發展戰略規劃	年度經營計劃
問題側重	規劃未來	業績合約
時間跨度	未來3～5年，甚至更長	第二年
計劃目標	戰略目標（包括長期及規劃期內）	第二年的目標
計劃內容	確定願景、業務戰略、職能戰略，思考在未來什麼時間改變以及如何改變，優化成本結構，實現持續高回報，創造卓越價值	從戰略舉措入手，確定特定年度的經營目標，並確定目標實現的計劃以及執行這些計劃的詳細步驟和行動、資源投入、責任人
核心工作	戰略規劃、戰略實施、戰略評價	年度經營規劃、年度經營計劃實施平臺建設、年度經營計劃實施、年度經營計劃實施評價與衡量
財務角度	重點在於價值創造	重點在於業績衡量及管控
主要責任人	董事會、戰略管理委員會、企業高層	戰略管理委員會、企業高層、企業中層

年度經營計劃就是企業在戰略期內某一個特定的經營年度需要實現的目標以及實現這些目標需要開展的相關工作的總和，因此年度經營計劃作為企業發展戰略落地和實現的重要手段，對企業戰略的實

現至關重要。

　　企業發展戰略的實現過程就像是一場馬拉松比賽，漫長而艱苦，如果不能學會戰略目標分解和分步實施，很有可能就會因為大家認為目標遙不可及而選擇放棄；而年度經營計劃可以很好地幫助企業進行戰略目標的分解，因為企業在保證每年度經營目標都實現的基礎上，整體發展戰略就會水到渠成、順利實現了。

第三節　（案例）諸葛亮的（隆中對）戰略

　　東漢末年，天下大亂，時局紛擾。各大勢力互相混戰，都想一統天下。

　　劉備雖心懷大志，卻一直沒有找到實現抱負的行動方向。直到後來他到隆中三顧茅廬請到諸葛亮，形勢才有了根本性的好轉。

　　諸葛亮對他分析說：「從董卓專權亂政以來，豪傑之士紛紛乘機起兵稱雄一方，而地跨州郡的割據者多得數不勝數。曹操同袁紹相比，名望低微，兵力弱小，然而曹操終能戰勝袁紹，由弱者變為強者，這不只是天時地利，也是人謀劃正確的結果。如今曹操已經擁兵百萬，並且挾制皇帝而向諸侯發號施令，這實在是不可同他直接較量的。孫權佔有江東地區，其統治已歷三世，那裏地勢險要，百姓歸附，賢能之人都願意輔佐他，這可以結為盟援，而不可以圖謀他。荊州北有漢水、沔水作屏障，南至海邊有豐富資源可供利用，東連吳郡、會稽郡，西通巴郡、蜀郡。這裏是用兵的戰略要地，但其統治者劉表卻無力守住它。這大概是上天資助給將軍的吧，將軍可有意於此嗎？益州地勢險要，土地肥沃廣

大，是天然富饒之地，漢高祖(劉邦)就是靠這裏而成就了帝業。

現在，益州牧劉璋昏暗無能，張魯又在北邊與之作對，儘管這裏人口眾多、資源富庶，但因其不知愛撫民眾，致使有才能的人都渴望得到英明的君主。將軍既是漢室的後代，且又信義顯揚四海，廣交天下英雄，求賢如饑似渴，倘若佔領荊、益二州，控扼險要，西與諸族和睦為鄰，南面撫綏邊地人民，對外結盟孫權，對內修明政治；天下形勢一旦發生變化，就伺機派遣一員大將率領荊州部隊向南陽、洛陽地區進軍，而將軍則親率益州之兵北出秦川，這樣所過地區的百姓誰還不擔著豐盛酒食來迎接將軍呢？確實能做到這樣，那麼，統一大業就可以成功，漢朝統治就可以復興了。」

劉備聽後高興地說：「講得太好啦！」後來的具體工作，都是按照諸葛亮的戰略構想進行的。

諸葛亮根據對曹、劉、孫三方以及劉表等勢力的政治、軍事、經濟、地理諸種條件的精闢分析，為劉備的生存與發展制定了「聯孫抗曹」的總戰略。為了實現這一戰略計劃，諸葛亮提出首先要向薄弱方向發展，奪取荊、益二州以建立穩固基地，安撫西南各族、聯合孫權，整頓內政，加強實力；其後待條件成熟時，從荊、益兩路北伐曹操，奪取中原，統一中國。顯然，這是一個比較符合客觀實際的既穩健而又有進取精神的戰略構想。劉備後來雖因條件所限而未能實現統一中國的計劃，但他恰是依據諸葛亮「聯孫抗曹」的戰略謀劃，建立了蜀漢政權，成為鼎立三足者之一。

諸葛亮的戰略構想令人佩服，作為企業高階管理者也應該有自己公司的戰略構想。

第四節　戰略規劃的 SWOT 分析

SWOT 分析法（也稱道斯矩陣），即態勢分析法，20 世紀 80 年代初由美國三藩市大學的管理學教授韋里克提出，經常被用於企業戰略制訂、競爭對手分析等用途。

在制訂戰略規劃的過程中，SWOT 分析模型應該是一個最常用的工具。SWOT 分析包括分析企業的優勢（Strength）、劣勢（Weakness）、公司面臨的潛在機會（Opportunity）和危及公司的外部威脅（Threat）。因此，SWOT 分析模型實際上是將企業內外部條件各方面內容進行綜合和概括，幫助企業把資源和行動聚集在自己的強項和機會最多的地方。

1. 競爭優勢 (Strength)

一個企業超越其競爭對手的能力，或者指公司所特有的能提高公司競爭力的特質。例如，當兩個企業處在同一市場或者說它們都有能力向同一顧客群體提供產品和服務時，如果其中一個企業有更高的贏利率或贏利潛力，那就認為這個企業比另外一個企業更具有競爭優勢。

競爭優勢可以表現為以下幾個方面：

競 爭 優 勢	A. 技術技能優勢	獨特的生產技術，低成本的生產方法，領先的革新能力，雄厚的技術實力，完善的品質控制體系，豐富的行銷經驗，上乘的客戶服務，卓越的大規模採購技能
	B. 有形資產優勢	先進的生產流水線，現代化工廠和設備，豐富的自然資源儲存，吸引人的不動產，充足的資金，完備的資料信息
	C. 無形資產優勢	優秀的品牌形象，良好的商業信用，積極進取的公司文化
	D. 人力資源優勢	關鍵領域擁有專長的職員，積極上進的職員，很強的組織學習能力，豐富的經驗
	E. 組織體系優勢	高品質的控制體系，完善的信息管理系統，忠誠的客戶群，強大的融資能力
	F. 競爭能力優勢	產品開發週期短，強大的經銷商網路，與供應商良好的夥伴關係，對市場環境變化的靈敏反應，市場佔有率的領導地位

2.競爭劣勢(Weakness)

企業缺少或做得不好的方面,或指某種會使企業處於劣勢競爭的條件。

可能導致競爭劣勢的因素有:

競爭劣勢	A. 技術技能劣勢	缺乏具有競爭性的技能技術
	B. 有形資產劣勢	落後的生產流水線,老化的工廠和設備,不具備潛質的不動產,脆弱的資金鏈,七零八碎的資料信息
	C. 無形資產劣勢	沒有建立起自己獨特的品牌形象,商業信用較低,公司文化尚未形成
	D.財務劣勢	財務資金不足夠
	E. 人力資源劣勢	職員工作態度消極,無領域內專業人員,組織學習能力弱
	F. 組織體系劣勢	組織控制體系不健全,信息管理系統不健全,客戶群不穩定
	G. 競爭能力劣勢	產品開發週期長,或者無新產品上市計劃,經銷商網路不健全,與供應商合作夥伴關係不好,對市場環境變化反應遲鈍

3.公司面臨的潛在機會(Opportunity)

市場機會是影響公司戰略的重大因素。公司管理者應當確認每一個機會,評價每一個機會的成長和利潤前景,選取那些可與公司財務和組織資源匹配、使公司獲得的競爭優勢潛力最大的最佳機會。

例如,出現有利的技術變革?市場由於一次成功的戰略合作而有所提升?公司有沒有可能通過新的方式利用自己的資產和資源?新產品投放市場,可能取得預想的收入?

潛在的發展機會可能是：

潛在發展機會	A.環境變化的機會	客戶群的擴大趨勢或產品細分市場的變化
	B.技術、技能更新的機會	技能、技術向新產品、新業務轉移，為更大客戶群服務
	C.資源整合的機會	前向或後向整合，進入上游市場或者控制下游公司
	D.產品擴張的機會	市場進入壁壘降低
	E.資本運作的機會	成功上市，或者獲得併購競爭對手的能力
	F.市場行銷的機會	市場需求增長強勁，可快速擴張，或出現向其他地理區域擴張、擴大市場佔有率的機會

4.危及公司的外部威脅(Threats)

在公司的外部環境中，總是存在些對公司的贏利能力和市場地位構成威脅的因素，公司應當及時確認威脅，做出評價並採取相應的戰略行動來抵消或減輕它們所產生的影響。

外部威脅	A.環境變化的威脅	出現將進入市場的強大的新競爭對手。匯率和外貿政策的不利變動，人口特徵、社會消費方式的不利變動
	B.技術、技能落後的威脅	技術、技能逐步落後於競爭對手，新產品沒有市場競爭力
	C.資源分散的威脅	盲目多元化，總體贏利能力下降
	D.產品收縮的威脅	替代品搶佔公司銷售額，主要產品市場增長率下降
	E.資本縮水的威脅	受到經濟蕭條和業務週期的衝擊
	F.市場行銷的威脅	客戶或供應商談判能力提高，市場需求減少

5.根據企業狀況，確認企業的 SWOT 條件

潛在資源力量	潛在資源弱點	公司潛在機會	外部潛在威脅
· 有力的戰略 · 有利的金融環境 · 有利的品牌形象和美譽 · 被廣泛認可的市場領導地位 · 專利技術 · 成本優勢 · 強勢廣告 · 產品創新技能 · 優質客戶服務 · 優秀產品品質 · 戰略聯盟與併購	· 沒有明確的戰略導向 · 陳舊的設備 · 超過負債與恐怖的資產負債表 · 超過競爭對手的高額成本 · 缺少關鍵技能和資格能力 · 利潤的損失部份 · 內在的運作困境 · 落後的 R&D 能力 · 過分狹窄的產品組合 · 市場規劃能力的缺乏	· 服務獨特的客戶群體 · 新的地理區域的擴張 · 產品組合的擴張 · 核心技能向產品組合轉化 · 垂直整合的戰略形勢 · 分享競爭對手的市場資源 · 競爭對手的支持 · 戰略聯盟與併購帶來的超額覆蓋 · 新技術開發道路 · 品牌形象拓展的道路	· 強勢競爭者進入替代品引起銷售下降 · 市場增長減緩 · 交換率和貿易政策的不利轉換 · 由新規則引起的成本增加 · 商業週期的影響客戶和供應商的槓桿作用加強 · 消費者購買需求下降 · 人口與環境變化

　　識別出企業的所有優勢分成兩組，原則是：它們與行業中潛在的機會有關，還是與潛在的威脅有關，然後用同樣的辦法把所有的劣勢分成兩組，一組與機會有關，另一組與威脅有關。

圖 2-5-1　SWOT 分析企業優劣勢

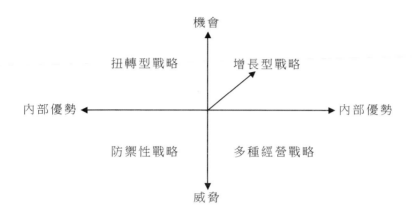

內部因素

	利用這些	改進這些	機會
外部因素	年度目標	年度目標	威脅

優勢　　　　　　劣勢

SWOT	優勢(S)	劣勢(W)
機會(O)	(SO 戰略)利用自身優勢贏得外部機會	(WO 戰略)克服或控制自身劣勢，創造條件抓住機會
威脅(T)	(ST 戰略)發揮自身優勢，規避、化解外部威脅	(WT 戰略)將自身劣勢降到最低，並規避外部風險

SO 戰略和 WT 戰略是很容易理解的。在機會來臨時，企業必須把自己的專長盡可能發揮出來，並時刻規避那些自己沒有能力應付的業務領域。WO 戰略就要更大膽、更具挑戰性一些。如果企業明知自己並不具備相關優勢，但仍然渴望抓住某個重要機會，那麼可供選擇的方案有三種：

1. 自行發展所需的優勢
2. 外購或借取所需的優勢
3. 超越競爭，改變遊戲規則

使用 ST 戰略的企業實際上是在尋找一條路徑以擺脫困局。經常有大牌企業利用價格戰、巨額行銷預算、多管道促銷等手段，來傾軋實力稍遜的企業。這個時候，就可以通過 SWOT 分析，以期預見並為這種類型的未來威脅做好準備。

SWOT 分析的價值在於，它為企業管理層提供了一個自我評估的機會。但問題在於，它往往給人們造成一種非常簡單的錯覺。事實上，確定一個企業的優勢和劣勢，並對機會及威脅的影響和概率進行評估，要遠比表面看上去的複雜得多。而且，除了要對這四個要素進行分析之外，這個模型並沒有提供更多的工具來幫助企業完成從基本分析中形成戰略決策方案的工作。

沃爾瑪公司自 1962 年成立，經過四十多年的發展，已經成為美國最大的私人僱主和世界上最大的連鎖商業零售企業。美國《財富》雜誌在 2007 年 7 月 11 日評出的世界 500 強排行榜中，沃爾瑪公司以 3511.39 億美元的年營業收入超過埃克森美孚列第一；2008 年沃爾瑪又以 3787.99 億美元的年營業收入蟬聯榜首；至 2009 年 5 月 7 日，沃爾瑪已在全球開設了 7899 家商場，員工總數 190 多萬人，分佈在全球 16 個國家，每週光臨沃爾瑪的顧客 1.76 億人次。

優勢 （Strengths）	· 沃爾瑪是著名的零售業品牌，它以物美價廉、貨物繁多和一站式購物而聞名 · 沃爾瑪的銷售額在近年內有明顯增長，並且在全球化的範圍內進行擴張（例如，它收購了英國的零售商ASDA） · 沃爾瑪的一個核心競爭力是由先進的信息技術所支援的國際化物流系統。例如，在該系統支援下，每一件商品在全國範圍內的每一間賣場的運輸、銷售、儲存等物流信息都可以清晰地看到。信息技術同時也加強了沃爾瑪高效的採購過程 · 沃爾瑪的一個焦點戰略是人力資源的開發和管理。優秀的人才是沃爾瑪在商業上成功的關鍵因素，為此沃爾瑪投入時間和金錢對優秀員工進行培訓並建立員工忠誠度
劣勢 （Weaknesses）	· 沃爾瑪建立了世界上最大的食品零售帝國。儘管它在信息技術上擁有優勢，但因為其巨大的業務拓展。這可能導致其對某些領域的控制力不夠強 · 因為沃爾瑪的商品涵蓋了服裝、食品等多個部門，它可能在適應性上比起更加專注於某一領域的競爭對手存在劣勢 · 該公司是全球化的，但是目前只開拓了少數幾個國家的市場
機會 （Opportunities）	· 採取收購、合併或者戰略聯盟的方式與其他國際零售商合作，專注於歐洲或者大中華區等特定市場 · 沃爾瑪的賣場當前只在少數幾個國家開設。因此，拓展市場（如中國，印度）可以帶來大量的機會 · 沃爾瑪可以通過新的商場地點和商場形式來獲得市場開發的機會。更接近消費者的商場和建立在購物中心內部的商店可以使過去僅僅是大型超市的經營方式變得多樣化 · 沃爾瑪的機會存在於對現有大型超市戰略的堅持
威脅 （Threats）	· 沃爾瑪在零售業的領頭羊地位使其成為所有競爭對手的趕超目標 · 沃爾瑪的全球化戰略使其可能在其業務國家遇到政治上的問題 · 多種消費品的成本趨向下降，原因是製造成本的降低。造成製造成本降低的主要原因是生產外包給了世界上的低成本地區。這導致了價格競爭，並在一些領域內造成了通貨緊縮。惡性價格競爭是一個威脅

📢》》 第五節　要讓企業戰略被員工所理解

戰略若不能為企業員工所理解，戰略執行過程中的創造性就會消失；沒有創造性的執行，不可能實現有挑戰性的戰略目標。

一、阻礙員工去理解戰略的原因

戰略不能被理解，雖是企業高層的問題。基層人員不可能具有高層管理者的視角，與上層對環境和事物認知的全面性、系統性、長遠性差距很大，這是先天客觀存在，但企業沒有正視這種存在，沒有採取相應的辦法來改變，才是造成戰略不能被普通員工所理解的真正原因。

1. 企業高層本身就沒有達成共識

員工有一個習慣是把話留在心裏，表面上沒有反對，但心裏不認同，行動上回應不積極，不被抓到把柄就行。這與員工的職業化精神有關，大多數人會把工作理解為為老闆幹，為企業幹，為某種理念、利益幹，並沒有基於職責的使命感，也沒有基於自我價值的使命感。

因此，在觀念還沒有形成的情況下。只能運用機制來強化意識。

有些老闆抱怨企業高層主管沒有形成共識，原因就是他們並沒有就方向性問題、原則性問題進行深入的、反覆的討論，沒有形成長遠的共同目標。作為總經理，本身就要有很強的戰略思考能力，戰略管理部門和外部諮詢服務機構只是提供專業性支持。

公司的戰略不可能僅靠少數服從多數的原則就能確定下來，更多

的是依靠總經理的遠見卓識和堅定意志。高層讓大家圍繞著核心問題自由地暢談，找出差異和衝突。不但要就那些高層次的、全局性的戰略選擇核心內容談透徹，也要非常明確業務策略和當前的管理重心調整。

2.戰略被看作公司的機密

企業花了一大筆錢，請專家做戰略規劃，卻只有幾個高層管理者能夠看到，職能部門也只能看到與其相關的部份，根本無法全面瞭解公司的戰略思想和原則，基層管理者就更是盲人摸象了。

3.缺少上下的溝通

上下缺少溝通，也欠缺方法。首先是老闆要將戰略溝通視為主要工作內容，將自己定位為一個戰略的佈道者。「人無遠慮，必有近憂」，企業領導者要懂得做長遠的思考。高層次會比低層次的思考得更遠，而普通員工往往只考慮當下的事情，認為其職責就是把眼前的事情做好。正因為如此，老闆和下屬有時候想法有差異。

公司老闆的主要工作，就是與下屬做好願景溝通。如果公司理念中的員工與公司利益不一致，說不清楚在做什麼、為什麼做、如何做，這種溝通就會顯得空洞，就很難再深入下去。

企業要有佈道的道具，基督教的佈道者需要一本《聖經》，企業老闆也需要一本企業的聖經，這本聖經就是企業的戰略文件。所謂佈道，這個道要具象化，否則就是空談，反覆談而沒有行動，就會讓人厭煩。

如果企業不大，老闆安排的工作能夠很清晰地看到結果，也就是從要做到、做好、評估整個過程的信息流，在老闆這裏是閉環的，那麼戰略思想、戰略原則和戰略舉措就不需要展現出來，老闆本人就可以監控戰略的落地。

即使是很小的企業，其戰略管理也是有作用的。只是當企業發展到一定規模，很多指令的操作過程和效果已經很難被真實看到了，老闆才會感歎戰略落地的困難。

4.戰略本身難以被理解

就戰略本身的內容和結構，也讓員工難以理解。

人員也許學歷不高，資歷尚淺，對於體系、系統、機制、市場、價值鏈等這樣一些概念難以理解，因為概念太大，超出他們的所見所及。

未來的方向、長遠的目標等也會讓人覺得太遙遠，即使員工明白了道理，也因為與當下的切身利益關係不大，而對行為的影響不大。企業必須要面對的事實是：基層的員工只是將工作當作當下的謀生手段，還難以達到做事業的層次。

二、讓員工理解戰略的有效方法

將專業性很強的戰略語言轉化為普通員工可以理解的語言，將戰略宣貫的責任落實到每一級管理者身上，讓員工在戰略體系的價值鏈中找到自身的價值位置，並理清戰略與戰術的邊界和相互融合是讓員工真正理解戰略的基礎。

第一步，使用普通員工能夠理解的語言。

第二步，每一級主管都承擔戰略宣貫的責任。

第三步，讓員工更有成就感。

第四步，讓戰略與戰術共生。

第五步，將戰略固化到日常管理當中。

第六節　（案例）挾天子以令諸侯的戰略

　　三國時期，漢室衰微，群雄並起。曹操在鎮壓黃巾軍以後，有了一定的地盤和實力，但還不足以號令天下。因此，他想把在洛陽的漢獻帝迎接到自己佔據的地盤——許昌。但此作法也有許多人反對。

　　這時，荀彧拜見曹操，說：「過去漢高祖東伐時為義帝舉哀而天下歸心。自從戰亂以來，將軍首倡義兵，聲討董卓，已經表明了將軍安定天下的志向。這時如能奉主上以從民望，秉至公而服雄傑，天下雖有叛逆之人，一定不能奈我何。如果不快速決斷，主上就要被別人奪走，那時就晚了！」曹操立即採納了荀彧的意見，親自到洛陽把漢獻帝強迎到許昌。

　　如此，天下諸侯都「上表慶賀」，這給曹操提供了極大的便利，在政治上佔據了優勢。漢獻帝名義上拜他為大將軍，曹操掌握了實權。

　　曹操借皇帝之名，第一件事就是加封劉備為「征東將軍宜城亭侯領徐州牧」，並密令劉備斬殺呂布。第二件事就是要劉備「起兵討袁術」。

　　劉備雖知此是曹操之計，卻無可奈何，因為「王命不可違也」，馬上點兵備馬起程。此後數年，曹操憑藉天子的名義，施展自己的軍威，東征西討，終於統一了中原。

　　曹操利用「挾天子以令諸侯」，智勇造勢，可謂高明。

第 3 章

先透過經營分析，掌握企業績效

第一節　首先要正確掌握過去的績效

　　在掌握了編列預算的基礎知識之後，終於要進行編列次年預算的作業了。首先，在制定預算時，必須正確分析過去的實績與趨勢。若能確實抓出上年、上上年獲得多少利潤，就可預測出明年獲利多少。只要制定出的年預算得以實現，應該就不會成了空談的數字。

　　掌握過去實績和趨勢的大致流程如下：

　　1. 首先要更換損益表的科目

　　由於預算是以預估的收益和費用為基礎，並以建立利益目標為目的，因此，在形式上應與對外發表的損益表相同。事實卻並非如此，它畢竟是內部數據，所以部份的科目名稱會有所更動。

　　2. 準備三年份的損益表

　　制定預算時，通常會參考過去三年的實績。請準備前年、去年和今年這三年份的損益表。

3.連續損益表的製作

備妥了三年份的損益表之後，接著就要以此損益表為基礎製作三年份的連續損益表。這是以前年為基準年，觀察過去三年的趨勢，僅使用經常損益部份。

4.成長性的檢討

連續損益表完成之後，接著就開始多方面檢討如何設定明年的數值。最初是利用營業額、銷貨毛利、銷售管理費等成長率的指標，針對成長性進行綜合性的檢討。

5.收益性和成本的檢討

接著要從連續損益表項目之中，挑選出重要度較高者來檢討收益性和成本。也就是針對銷貨成本、變動成本、人事費、銷售管理費等費用與營業額之間的對比進行檢討。

6.損益平衡點的檢討

針對有多少營業額才會產生利潤這一點，藉由損益平衡點來進行檢討，並且也計算出總營業額和總費用之間的關係。

7.銷售效率的檢討

從連續損益表中挑選出 9 個項目，針對銷售上的效率進行檢討，主要是以每一員工的數值為指標。

8.各部門數字的檢討

在此之前的檢討都是針對公司全體趨勢進行的檢討。接下來，則是要落實到各部門來檢討。檢討各部門與各產品別營業額和毛利，並藉此分析各部門的跡象和趨勢。

第二節　公司實力水準及座標位置

一、知己知彼

以職業棒球為例，一旦到了淡季，各個球隊的前線——企劃人員，也就開始忙碌起來了。

這些企劃人員將針對過去一年不甚滿意的成績，而思考出一套完整的計劃，來刺激戰鬥力，奪取優勝。

這些企劃人員針對投、攻、守的各個角度來看，並且觀摩其他球隊，比較分析，以查出「為何不能致勝」的原因。

此外，「今年該達到何種水準、應如何改善、加強球隊的戰鬥力」等等，及球隊比賽的計劃，都是企劃人員所必須做的事。

企劃人員最重要的是搜集資料、加強球隊練習、政策的運用、提供資料等，使得自己的球隊更好，而永遠能掌握優勢。

能夠認清競爭物件，能明瞭自己，就能劃出自己座標的位置，不管將來如何變化，都仍能遵照方向移動，做好正確的判斷，以達到不吃虧的地步。

這就是「知己知彼、百戰百勝」的最好例證。

二、業績相近的 A、B 二公司

銷售額的多少，是評價一個公司是否有規模與成長的基準；如果一個公司能保持一個「良好」的獲利狀態，就能把握住有力的市場。

因此，一個公司想要知道自己公司是否賺錢，就要做銷售額的檢討，檢討的第一步是要從過去 10 年間年度別或期別的銷售量來觀察。

銷售額是以全額為基準，此外，數量、年度的百分率也是調查的對象之一。

當然，自己公司的銷售量節節上升是件可喜之事，但和其他公司做比較，也是一件重要之事，絕不可加以忽略，因為有比較才有進步。

現在讓我們來看看「各公司銷售額的實績推移。」

圖 3-2-1　各公司銷售實績推移表

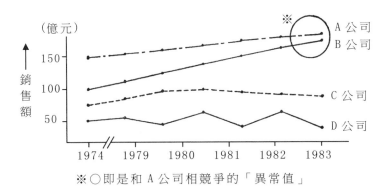

※○即是和 A 公司相競爭的「異常值」

A 公司在過去 10 年，都保持一路領先的局勢，但在 1981 年後，居於第二位的 B 公司已有逼近 A 公司的趨勢，也就是 A、B 二公司的業績非常接近，而且遲早 B 公司會有追過 A 公司的趨向。

B 公司會如此成功，主要是 B 公司訂定了 5 年計劃，勇往直追 A 公司。B 公司首先併吞乙公司，然後打出商品的差別化戰略和 A 公司一爭長短，結果，終於如願地追上 A 公司，甚至也取得領先的地位。

第二，是要調查市場的分配情形：

市場的規模一年一年地擴大，業界的成長領域也會隨之擴大與縮小，這時市場的分野就變得格外重要了，特別是己公司和他公司間的

市場分配比率，就是一個重要的問題。

所謂的「適者生存，不適者淘汰」，正適合於今日的企業中，因此商品的普及和銷售額的高低，都是企業間勝負的關鍵。

圖 3-2-2 是各公司的分配調查，從表中可得知 P 商品在過去 10 年間的進展情形：B 公司的 P 商品已大半削減，而被 A 公司所併吞。

圖 3-2-2　P 商品的各公司別分配轉移

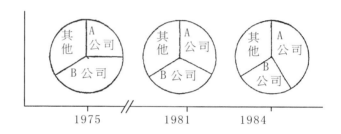

此外，對於 B 公司的年度別銷售量（金額、數量）的構成調查，請看圖 3-2-3。

圖 3-2-3　B 公司商品別的銷售構成情況

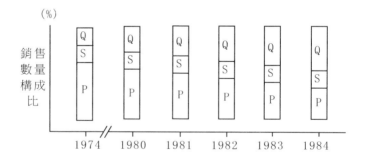

換句話說：B 公司的 P 商品經過 10 年的變化，已慢慢地被 Q 商品所取代了。

銷售數量構成此市場分配的增減和商品力及銷售力有很大的關

係，商品的銷售力弱，市場的分佈率就低，反之，銷售力強，市場分配率就高，因此，一個企業為了佔據市場，就該提高商品及銷售能力。

此外，例如啤酒：它有瓶裝、罐裝及桶裝，也應依商品的種類而分類。

再者，也要依地域、銷售店等來區分，這種市場的戰略非常醒目，也非常方便，因此，啤酒佔據了整個市場，也受到了人們的喜愛。

第三節　企業財務分析的四個步驟

企業的經營分析，就是以資產負債表和損益表之數據為基礎，運用經營分析為工具，將其轉換為有效的經營信息，挖掘經營問題為著眼點，藉以判斷問題發生的原因，進而研擬有效改善對策的方法。財務分析的程序與步驟可以歸納為四個階段：

（一）財務分析信息搜集整理階段

1.明確財務分析目的

進行財務分析，首先必須明確為什麼要進行財務分析：是要評價企業經營業績？是要進行投資決策？還是要制定未來經營策略？只有明確了財務分析的目的，才能正確的搜集整理信息，選擇正確的分析方法，從而得出正確的結論。

2.制定財務分析計劃

在明確財務分析目的的基礎上，應制定財務分析的計劃，包括財務分析的人員組成及分工、時間進度安排，財務分析內容及擬採用的分析方法等。財務分析計劃是財務分析順利進行的保證。當然，這個

計劃並不一定形成文件，可能只是一個草案，也可能是口頭的，但沒有這個計劃是不行的。

3.搜集整理財務分析信息

財務分析信息是財務分析的基礎，信息搜集整理的及時性、完整性、準確性，對分析的正確性有著直接的影響。信息的搜集整理應根據分析的目的和計劃進行。但這並不是說不需要經常性、一般性的信息搜集與整理。其實，只有平時日積月累各種信息，才能根據不同的分析目的及時地提供所需信息。

(二)戰略分析與會計分析階段

1.企業戰略分析

企業戰略分析通過對企業所在行業或企業擬進入行業的分析，明確企業自身地位及應採取的競爭戰略。企業戰略分析通常包括行業分析和企業競爭策略分析。行業分析的目的在於分析行業的盈利水準與潛力，因為不同行業的盈利能力和潛力大小是可能不同的。影響行業盈利能力因素有許多，歸納起來主要可分為兩類：一是行業的競爭程度，二是市場談判或議價能力。企業戰略分析的關鍵在於企業如何根據行業分析的結果，正確選擇企業的競爭策略，使企業保持持久競爭優勢和高盈利能力。企業進行競爭的策略有許許多多，最重要的競爭策略主要有兩種，即低成本競爭策略和產品差異策略。

企業戰略分析是會計分析和財務分析的基礎和導向，通過企業戰略分析，分析人員能深入瞭解企業的經濟狀況和經濟環境，從而能進行客觀、正確的會計分析與財務分析。

2.財務報表會計分析

會計分析的目的在於評價企業會計所反映的財務狀況與經營成

果的真實程度。會計分析的作用，一方面通過對會計政策、會計方法、會計披露的評價，揭示會計信息的品質；另一方面通過對會計靈活性、會計估價的調整，修正會計數據，為財務分析奠定基礎，並保證財務分析結論的可靠性。進行會計分析，一般可按以下步驟進行：第一，閱讀會計報告；第二，比較會計報表；第三，解釋會計報表；第四，修正會計報表信息。

　　會計分析是財務分析的基礎，通過會計分析，對發現的由於會計原則、會計政策等原因引起的會計信息差異，應通過一定的方式加以說明或調整，消除會計信息的失真問題。

（三）經營業績之比較

　　採用比率分析法或實數分析法，結果仍無法判定經營績效之優劣時，就必須考慮加入時空因素來比較。例如：學生的考試成績為 90分，如果單獨看某一學生某一學期平均分數為 90 分，我們無法瞭解其成績的優劣，必須與同班同學的平均分數比較（空間比較），或是與自己前一學期的成績比較（時間比較）才有意義，經營成績之判定亦同。經營成績之比較方法有四種：

1.期間比較

　　把過去期間的比率或實數與本期比較，由不同期間的比率或實數增減變動情形，立即可判定其優劣。如將過去三年間的銷貨額正常利潤率變化做比較，即可看出其上升、下降之變動趨勢，本期之利潤率如何定位，亦不難瞭解。

2.標準比較

　　將公司之業績與同業平均值做比較，以判斷其優劣的方法。業者可參閱日本的「日本銀行之統計」及「中小企業經營指標」來做比較。

3.相互比較

將本公司業績與競爭同業做比較，以判定其優劣的方法。業者可參閱股票上市公司公開說明書及其所附資產負債表和損益表加以比較。

4.目標比較

甚多企業都擬有年度經營計劃及經營方針，如銷貨額目標多少？費用目標多少？利潤目標若千等；做為年度經營目標。把這些計劃目標值與每月或年度之實際數值加以比較，即可判斷其達成率之高低和經營業績之優劣。

（四）財務分析實施階段

1.財務指標分析

財務指標包括絕對數指標和相對數指標兩種。對財務指標進行分析，特別是進行財務比率指標分析，是財務分析的一種重要方法或形式。財務指標能準確反映某方面的財務狀況。進行財務分析，應根據分析的目的和要求選擇正確的分析指標。債權人要進行企業償債能力分析，必須選擇反映償債能力的指標或反映流動性情況的指標進行分析，如流動比率指標、速動比率指標、資產負債率指標等；而一個潛在投資者要進行對企業投資的決策分析，則應選擇反映企業盈利能力的指標進行分析，如總資產報酬率、資本收益率，以及股利報償率和股利發放率等。正確選擇與計算財務指標是正確判斷與評價企業財務狀況的關鍵所在。

2.基本因素分析

財務分析不僅要解釋現象，而且應分析原因。因素分析法就是要在報表整體分析和財務指標分析的基礎上，對一些主要指標的完成情

況，從其影響因素角度，深入進行定量分析，確定各因素對其影響方向和程度，為企業正確進行財務評價提供最基本的依據。

(五)財務分析綜合評價階段

財務分析綜合評價階段是財務分析實施階段的繼續，可分為三個步驟：

1.財務綜合分析與評價

財務綜合分析與評價是在應用各種財務分析方法進行分析的基礎上，將定量分析結果、定性分析判斷及實際調查情況結合起來，以得出財務分析結論的過程。財務分析結論是財務分析的關鍵步驟，結論的正確與否是判斷財務分析品質的惟一標準。一個正確分析結論的得出，往往需要經過幾次反覆。

2.財務預測與價值評估

財務分析既是一個財務管理循環的結束，又是另一個財務管理循環的開始。應用歷史或現實財務分析結果預測未來財務狀況與企業價值，是現代財務分析的重要任務之一。因此，財務分析不能僅滿足於事後分析原因，得出結論，而且要對企業未來發展及價值狀況進行分析與評價。

3.財務分析報告

財務分析報告是財務分析的最後步驟。它將財務分析的基本問題、財務分析結論，以及針對問題提出的措施建議以書面的形式表示出來，為財務分析主體及財務分析報告的其他受益者提供決策依據。財務分析報告作為對財務分析工作的總結，還可作為歷史信息，以供以後的財務分析參考，保證財務分析的連續性。

第四節　銷貨額之收益性分析

「高明的賺錢法」，第一要使獲利最多，收益性最高。第二要使資本投入最少，效率性最大為其要訣。

從銷貨賺取利潤之比率愈大，收益性愈高。故分析收益性大小，必須比較銷貨額與各階段利潤或費用之關係，來做判定收益性優劣之依據。

企業之利潤乃由銷貨額減去銷貨成本及各項費用後之餘額。因此要促使利潤提高，首先必須將銷貨額提高，銷貨額愈大，利潤才會愈多。例如：銷貨額為 100，利潤為 10 時，利潤率為 10%；如銷貨額提高為 150，那麼利潤即為 15，而利潤率不變。若無法提高銷貨額，則必須設法提高利潤率，否則利潤將無法提高。若利潤率能提高為15%時，雖銷貨額仍為 100，那麼利潤亦可提高為 15。故隨著銷貨額之增加，利潤應增加多少，亦即利潤佔銷貨額的比率提高多少，就是企業的收益性。

所謂收益性分析，即分析各階段利潤佔銷貨額的比率，以判斷各階段所能創造利潤的功能。簡而言之，收益性分析乃以銷貨額正常利潤率為基礎，分析其與銷貨額和各階段利潤或費用之關係。現舉銷貨額正常利潤率的計算公式來加以說明。設銷貨額為 100000 千元，正常利潤為 10000 千元時，銷貨額正常利潤率為 10%。

銷貨額正常利潤率＝正常利潤／銷貨額×100

＝10000 千元／100000 千元×100＝10%

正常利潤為表示企業正常活動之業績，亦即企業正常收益力指

標。

　　收益性分析即以銷貨額正常利潤率為基礎，進一步分析銷貨額與成本暨費用等相關比率。如銷貨毛利率、銷貨成本率、製造成本構成比率、銷貨額營業淨利率、銷售及管理費率、廣告費率、利息費用率、本期利潤率等各種比率，以供判斷經營業績良好的依據。

　　由銷貨額減去銷貨成本之差即可算出銷貨毛利。銷貨毛利佔銷貨額之比率稱為銷貨毛利率，簡稱毛利率，為企業銷貨收入開始產生第一階段的利潤。若僅算到這一階段的利潤，對企業經營上並沒有什麼幫助，因為它只是營業活動中最基本的生產活動所產生的利潤。例如：以成本 80 元製造之成品，或購入之商品 80 元，以 100 元出售，其差額 20 元，即為銷貨毛利，則毛利率為 20%。其計算公式如下：

$$銷貨毛利率＝銷貨毛利/銷貨額×10$$
$$＝20 元/100 元×100＝20\%$$

　　上式所求之毛利率，銷管費用包含在內，所以非純淨利，必須扣除銷售活動、管理活動、財務活動等有關之銷售管理費用及營業外收支等各階段之費用後，才能確定真正的純利益。故又稱最粗之毛利益。基本上毛利率愈高，且各階段費用能控制得當，則各階段利潤也會愈高。唯各產業別因銷售之產品不同，其毛利率亦有差異，各行各業各有不同的經營特色，所以無法確定毛利率標準。例如：房地產業或寶石業，其投入價值頗大，但投資回收較慢，其毛利率當然較高。反之，一般買賣業，其週轉之速度較快，毛利率必然較低。製造業則因加工層次及產品之附加價值高低不同，其毛利率亦有顯著之差異。

　　人力密集之產業毛利率較低，技術密集之產業毛利率較高。同業間之毛利率亦有不同者，應加以比較分析才有意義。

　　不同行業之毛利率高低不同，若營業額不變，其利潤受毛利率變

動之影響甚大。例如：銷貨額 100 億元的企業，若毛利率變動 0.5%，即影響利潤增減 5 千萬元；若毛利率變動 1%，其影響利潤增減即高達 1 億元。經營者如果要確保利潤，在經營策略運用上，必須掌握影響毛利率變動之因素。

第五節　投入資本之效率性分析

要「賺得高明」除了使收益性愈大，經濟性愈高之外，投入資本愈少，效率性愈高亦為「高明的賺錢法」。所謂經濟性是指投入多少資本能創造多少利潤之意，而經濟性是否良好，須以投入資本多少，能創造多少利潤來衡量。投入資本愈少，創造之利潤愈多，表示經濟性愈佳，亦即投資效率愈高企業常為擴大經營規模，不惜投入大量資金，購置土地，廠房、機械設備、材料或製成品（庫存）等，卻忽略了有效規劃及運用生產資源，以致投入龐大的設備，未能充分利用而閒置，形成投資的浪費，顯然未注意資本之效率性。

企業應有效運用投入最少之生產資源，發揮最大之經濟效益，提高資本之運用效率，並分析其與銷售額和各種資產間之關係，進而判定其經營業績優劣之方法。

企業乃以投入資本，運用資本作為賺取利潤之工具。故不論是自有資本或外來資本，只要能將投入的資本運用於經營活動，即購入設備、原材料、僱用員工、加工製造成產品，最後銷售出去，再收回貨款，以賺取高額利潤，為其終極目標。

從企業接受顧客訂單開始購料、僱用人工、製成產品，然後銷售給客戶，收回貨款。這個過程我們稱之為一個資金循環，或一個週轉

期間。企業即反覆運用這個資金循環過程來創造利潤，週轉的次數愈多，表示資金的運用效率愈高。故盡可能以較少的資本投入，而促使銷貨額提高，則週轉率愈高，其資本的運用效率就愈大。

企業投下資本，購買原材料，製成產品，或購入商品再銷售給客戶，一年內運用資本週轉幾次，稱為總資本週轉率。其貨款回收期間之長短，叫做週轉期間。

企業經營上常發生因購入機械設備、原材料、商品庫存增加而凍結資金或銷貨債權無法回收，造成資金之短缺而週轉困難，使資本週轉減緩或週轉期間過長，形成資金運用效率低落或週轉脫節。故必須設法縮短週轉期間加速其週轉，或提高週轉率，才能維持正常營運。某公司資本 200000 千元，運用這些資本製造單價 1000 元的鋼筆 10 萬支，設全部銷售出去，則銷貨額為 100000 千元；如果製造 20 萬支亦能全部出售，則銷貨額為 200000 千元。出售鋼筆 10 萬支之週轉率為 0.5 次，20 萬支時之週轉率為 1 次，也就是說出售 20 萬支時的資本運用效率高（較能有效利用）。

測驗資本使用效率之方法，稱為效率性分析。效率性分析乃以總資本週轉率為基礎，分析總資本與銷貨額之關係；因總資本等於總資產，故總資產內之各資產與銷貨額之關係，亦可分別計算其週轉率，以瞭解資本投入後之運用效能。

第六節　企業安全性之分析

　　企業經營分析如僅考慮「賺的高明」，而完全依賴「經濟性分析」，還是不夠的，必須要與「安全性分析」配合，才有意義。

　　安全性分析為測定企業償債能力強弱之分析。企業賺的再多，再高明，如果無法償還負債，或者償債能力薄弱，就是帳上保持黑字（賺錢），亦可能面臨倒閉。

　　以資產負債表為中心，就資產、負債及資本之關係，探討企業安全性是否優劣之問題。

　　企業倒閉之原因，主要歸納起來有下列三種：

1.長期業績欠佳，持續發生赤字

　　由於赤字發生造成企業營運資金減少，此種狀態持續下去，將因資金不足，購入原材料及員工薪資無法支付而造成倒閉。

2.帳上看來賺錢，卻因帳款無法回收，造成「黑字倒閉」

　　在資產負債表和損益表上的本期純益再多，若因帳款無法回收而形成呆帳，就是純益再多還是落空，這種因週轉不靈之倒閉稱為黑字倒閉。例如：出售機器一部 300 萬元，付款條件為六個月，亦即六個月後才能收回現金。若每月出售兩台，則應收帳款為 3600 萬元（月銷貨額 600 萬元×6 個月）；設每出售一台機器，可賺 30 萬元，則半年的純益利可達 360 萬元（30 萬元×12 台）。從利益面來看，毫無疑問的帳面上會出現淨利 360 萬元。但因帳款仍掛在帳上，須六個月後才能回收，使營運資金暫時凍結 360 萬元。在這期間須再循環購入之原

材料及工資，就必須設法另籌財源來添補，否則營運資金即面臨脫節。如果資金來源籌措無著，很快的就迫使企業陷入週轉失靈，而造成「黑字倒閉」。

3.因意外災害或事件所造成

災害之發生，使機械、產品毀損，無法使用，重建困難，而造成倒閉。或因大客戶之突然變故，所引發之連鎖倒風，或因貨幣之升值壓力，財務無法支撐而引起之倒閉等均屬之。

以最經濟有效的方法運用其資本，創造更高的利潤為手段，此乃資本主義經濟下企業家所追逐的目標。換句話說：即如何以少量的資本投入，提高其經濟性運用，以賺取最大的利潤，完全符合現代企業的「高明的賺錢法」。但企業在此節骨眼上，如過分強調其經濟性而忽略安全性，亦有其危險性。例如：保有現金、銀行存款或有價證券等變現容易，且隨時可以使用之資金，為不使其閒置，與其儲存過多，不如將其償還高利貸款，雖較具經濟性。但為應付突發事件，必須考慮資金的安全面，不宜過分凍結資金的流動性，以防不測。因企業為維持正常經營活動之持續進行，通常必須支付原材料費、零件費及有關費用等，或設備投資與償還借款。其中若有一個環節脫離正常軌道，使經營活動無法順利進行，就會造成資金週轉失靈，而面臨倒閉之危險。所以經營者除了重視資金運用之經濟性外，還要注意資金的安全性，使資金之投入，一方面能做經濟性之運用，另一方面還要使資本之調度與運用能安全進行，使企業經常維持在「不致面臨倒閉」之穩定狀態。

是故，從安全性分析之角度觀察企業償債能力的好壞，以判斷財務安全性之方法，應著眼於：⑴速動資產之實際償付能力問題；⑵基本財務結構之潛在性長期償付能力問題。從這兩角度做短期觀察或長

期透視，可能會產生不同的結果，但問題重心仍離不開企業本身的償付能力問題，應設法把握問題之核心，從基本體質改善去解決。

企業安全性分析乃以資產負債表為中心，分析其資產負債及資本相互間的關係比率，以瞭解企業安全性程度如何之分析。

第七節　企業生產率的分析

「銷售效率檢討表」中的各項目，與「成長性」或「獲利能力和成本」的檢討項目不同，並未記入連續損益表中。

因此，需使用連續損益表中各項目的金額來重新計算。

1.每位職工的營業額(一年)

首先，來看看每位職工的營業額。將年營業額除以職工人數即可得知。職工人數為利用前面職工人數計算表算出的數值。

在公司中，每位職工的營業額是每年增加或每年減少？請確定其趨勢。此數值愈高愈好，而且下一項的每位職工的銷貨毛利也必須要高，因為如果便宜賣出，每位職工的營業額雖然提高了，但每位職工的平均銷貨毛利卻未必會同樣提高。所以，此數值必須和下一個項目一同檢討。

2.每位職工平均銷貨毛利

將年銷貨毛利除以職工人數即可得之。

每位職工的銷貨毛利是愈高愈好，而且要確認其傾向是否為增加傾向。如果此數值低落，則表示人事費的支付能力降低，經常收益有時甚至會出現負數。

3.每位職工平均界限利益

將年界限利益除以職工人數即可得之。

此數值也是愈高愈好，而且也需確認其傾向是否為增加傾向。每位職工平均界限利益，或是剛才的每位職工平均銷貨毛利，都是表示生產性的重要指標。

在《損益表項目的歸納法》表中，有將銷售管理費區分為變動成本和固定成本的情況與不區分的情況；但是，當銷售管理費不區分為變動成本和固定成本時，就不會出現界限利益。因此，這裏的每位職工平均界限利益也就無法計算出來。在此情況下，請以<界限利益＝銷貨毛利>、<每位職工平均界限利益＝每位職工平均銷貨毛利>來考慮。在買賣業中，因為銷貨成本幾乎全為變動成本，所以一般而言，這種考量就足夠了。

4.每位職工平均人事費用(一年)

將年人事費除以職工人數即可得之。此數值表示一家公司的平均薪資。因此，對職工而言，此數值愈高就表示薪資愈高；好是好，但當然需有其限度。

此數值是以剛才每位職工平均界限利益(或每位職工平均銷貨毛利)與後面出現之勞動分配率的關係來決定。一般說來，最好是比同業種的其他公司或社會中一般情形高。

5.勞動分配率

這是一種表示在界限利益中，有多少百分比是作為人事費用使用的指標。勞動分配率在 40～45%左右為普通，若超過了 50%，則難以確保最終收益(經常收益)。

求出勞動分配率的計算公式如下：

勞動分配率＝人事費用÷界限利益×100

在買賣業中，變動成本如果僅作為銷貨成本時，則上列計算公式中分母的界限利益，就可與銷貨毛利置換。

接著，若將上列的計算公式換成每位職工平均人事費用和界限利益的話，則計算公式可表示如下；

勞動分配率＝每位職工平均人事費用÷每位職工平均界限利益×100

此計算公式意味著在確保高於競爭公司的薪資，並且盡可能不提高勞動分配率時，就必須提高每位職工平均界限利益，換句話說，也就是勞動生產性。

表 3-7-1　銷售效率檢討表

項目	計算公式	Ⅰ年 (/～/)	Ⅱ年 (/～/)	Ⅲ年 (/～/)	傾向
每位職工 平均(年)營業額	$\dfrac{（年）營業額①}{職工人數}$	千元	千元	千元	
每位職工 平均銷貨毛利	$\dfrac{銷貨毛利⑥}{職工人數}$	千元	千元	千元	
每位職工 平均界限利益	$\dfrac{界限利益Ⓑ}{職工人數}$	千元	千元	千元	
每位職工 平均(年)人事費用	$\dfrac{（年）人事費⑮}{職工人數}$	千元	千元	千元	
勞動分配率	$\dfrac{人事費⑮}{界限利益Ⓑ}$	％	％	％	
每位職工 平均經常收益	$\dfrac{經常收益⑳}{職工人數}$	千元	千元	千元	
職工人數	$\dfrac{依職工人數計算表}{算出之職工人數}$	人	人	人	
商品週轉日數	$\dfrac{商品平均庫存額（※）}{營業額①}×365$	日	日	日	
每 3.3M² 賣場面積平均營業額(坪效率)	$\dfrac{營業額①}{專場面積}$	千元	千元	千元	

註：商品平均庫存額＝期初庫存額＋期末庫存額/2

6. 每位職工平均經常收益

將經常收益除以職工人數來計算。

此數值愈高愈好。必須確認此數值是否有增加的傾向。

7. 職工人數

利用「職工人數計算表」A 的記入方法，算出職工人數。

職工人數增減的優劣與否，其評價標準非僅以此為之，應與銷售效率的項目及前項所見之成長性的項目一起比較、檢討。

8. 商品週轉日數

商品週轉日數為表示擁有相當於幾天份的營業額商品的指標。換句話說，表示從購入商品到售出，需經過幾天的時間。

在此，商品平均存貨額的計算是將連續損益表的期初與期末存貨額合計，再除以 2 來算出平均。當然，合計 1 年份的每月底存貨額再除以 2 是較為正確，但也較花時間。

將這樣算出之商品平均庫存額除以年營業額再乘上 365（日），以求出週轉日數。

商品週轉日數愈短愈好，愈短表示商品賣出去的速度愈快。只是，在時間極短的情形下，因為也必須考慮商品可能經常缺貨，所以各個商品（群）必須定出標準值（安全存貨量）來加以比較。

9. 每 3.3m2 賣場面積平均營業額

一般我們都稱之為坪效（率），將年營業額除以賣場面積即可求得。每 $3.3m^2$ 賣場面積平均營業額愈高愈好，在此也必須確認其傾向。

就上述表示銷售效率的各項目整理出問題點，並加以歸納。

第 4 章

如何強化經營狀況

 ## 第一節　分析損益平衡點

　　為判斷企業之收益性，除對銷貨額有關各階段利潤率之高低加以分析，即可瞭解其獲利情形外，其他還有更簡便之企業收益性判斷方法，即損益平衡點（盈虧點）分析。

　　企業收益性乃依據收益性分析，由銷貨額有關之各階段利潤率及費用率之比較，來研判其收益性大小。此外，亦可從另一個角度去分析企業收益性之方法，即損益平衡點分析。

　　所謂損益平衡點就是損益為零時的銷貨額（簡稱兩平點銷貨額），超過此點以上之銷貨額，即產生利潤；在此點以下之銷貨額，即發生虧損；恰好在此點上，即不盈不虧之銷貨額，稱為損益平衡點銷貨額。

　　現舉餐廳為例：餐廳所發生的費用有隨顧客之增加而增加者，亦有不隨顧客增加而增加的費用。隨顧客增減而變動之費用稱為變動費

用；如料理所用之材料，魚、肉、蔬菜、調味料等。因每增加一位顧客，即需增加使用一份料理的材料。不隨顧客之增減而增減的費用稱為固定費用；如建築物之折舊、稅捐、租金及員工的薪資等。

　　假如顧客平均每人所付的餐費為 1000 元時，設每客的料理材料費平均為 300 元，其差額即為 700 元。另一方面，固定費用即每月固定要開支的費用；包括租金 20 萬元，薪資 25 萬元，折舊、稅捐 25 萬元，合計為 70 萬元，如果平均分攤給每一顧客負擔，則必須要有多少顧客前來用餐才能全部吸收？答：用餐人數必須要有 1000 人（70 萬元÷700 元＝1000 人）才能全部吸收這些固定費用。亦即每月營業額必須達到 100 萬元，才能損益兩平。換言之，超過 1000 人以上，才能出現利潤，未達 1000 人，即呈現虧損狀態。

　　我們已經把餐廳每月應開銷的費用劃分為變動費用及固定費用；即隨顧客用餐人數增減而變動之費用劃歸變動費用；不隨顧客用餐人數增減而變動之費用劃歸為固定費用。變動費用乃隨顧客人數之增減而比例增減，可直接計入每客用餐成本，固定費用則不隨顧客人數增減仍須開銷的費用，故應按實際用餐人數分攤給顧客負擔。如此即可計算每客餐費成本。但每月營業額必須達到多少金額，才能損益兩平呢？

　　如前例，設餐廳的變動費用每客 300 元，固定費用每月 70 萬元，顧客平均每人餐費為 100 元時，其損益平衡點銷貨額計算公式如下：

損益平衡點銷貨額＝固定費/（1－變動費÷銷貨額）

$$＝700000 元/（1－300 元÷1000 元）＝1000000 元$$

　　由上列計算公式得知，這家餐廳每月營業額必須達到 100 萬元，才能損益兩平。超過 100 萬元以上，開始出現利潤。式中分母 1－（變動費 300 元÷銷貨額 1000 元）＝0.7，稱為邊際利益率；也就是說銷

貨額(營業額)1000 元減去變動費 300 元之差 700 元,稱為邊際利益。
邊際利益佔銷貨額(營業額)1000 元之比率為 0.7,邊際利益率為
70%(0.7×100)。則 1－0.7＝0.3×100,稱為變動費率。

上式損益平衡點銷貨額公式,亦可簡化如下式:

損益平衡點銷貨額＝固定費/邊際利益率

＝700000 元/0.7＝1000000 元

以損益平衡點計算方法,判定企業收益性,必須將可能發生的費
用(成本)劃分為變動費用與固定費用。茲進一步說明變動費用與固定
費用之區分方法。

將損益表及製造成本表內之各費用科目,分析其能隨銷貨額之增
減變動者,劃歸為變動費用。如製造業之原材料費、包裝材料費、外
制加工費等及買賣業之進貨成本、銷售傭金等。不隨銷貨額之增減而
發生變動之費用,劃歸為固定費用。如折舊、保險費、稅捐等。但是
實際上完全不隨銷貨額之變動而增減的固定費用或完全隨銷貨額之
變動而比例增減之費用甚少,大部份費用,均隨銷貨額之增減變動而
漸增或漸減。

例如:每個月固定支付的薪資,因業務上需要須加班時,薪資就
無法完全固定。電力費亦有基本電費及變動電費之分。又如與銷貨額
之增減無直接關係,但為配合企業經營發展所需之費用,如研究開發
費等,亦無法完全固定不變。故實務上,固定費用與變動費用之區分
方法,大多採用固定性較強之費用,列入固定費用;變動性較強之費
用,列入變動費用之觀點來分類。如果分類上有困難時,全部列入固
定費,或採比例劃分方式,將固定費用劃分佔幾個%,變動費用劃分
佔幾個%,亦無不可。基本上,費用(成本)必須區分為固定費用與變
動費用才能求答,否則本法即難成立。

表 4-1-1　固定費用與變動費用之劃分

	變動費	固定費	
製造成態項目	原材料費 包裝材料費 購入零件費 電力費變動部份 燃料費變動部份 進貨運費 外制加工費	工資 退休金 獎金 員工福利 消耗品費 電力費固定部份 燃料費固定部份 研究開發費	旅費交通費 郵電費 交際費 保險費 修繕費 稅捐 折舊 雜費
銷售及管理 費用項目	銷貨運費 銷售傭金	董監事酬勞 薪資及津貼 退休金 獎金 福利金 廣告費 消耗品費 水電費	旅費交通費 郵電費 交際費 保險費 稅捐 折舊 捐贈 雜費
營業外費用項目		利息、貼現息等 利息收入由營業外費用抵減	

　　一般固定費用與變動費用之分類方法，大多採用損益表及製造成本表之費用分類方式。

　　損益平衡點除以公式計算外，尚可用圖表來表示，稱為損益平衡點圖表。就是把銷貨額、固定費用、變動費用及損益平衡點之關係繪成圖表。

　　舉例說明損益平衡點圖表之繪製方法如下：

　　設固定費用 90000 千元，變動費用 80000 千元，銷貨額 200000

千元。

以橫軸表示銷貨額，縱軸表示總費用（固定費用及變動費用之和）。在縱軸 90000 千元處，劃與橫軸平行之直線，即為固定費用線。在橫軸 200000 千元處，劃與縱軸平行之直線與固定費用線相交於 90000 千元處，向上再加變動費用 80000 千元，合計 170000 千元，即為總費用。在 170000 千元處，對準固定費用之起點，劃一直線，即可求得變動費用線，再由原點劃 45°之對角線與總費用線相交（兩線延伸至適當處），就是損益平衡點。由該點劃平行縱軸之垂線與橫軸之交點，即為損益平衡點銷貨額。

圖 4-1-1 就是按上述方法繪製之損益平衡點圖表，圖上損益平衡點銷貨額應為 150000 千元，銷貨額若低於 150000 千元，即發生損失，超過 150000 千元，就產生利潤。

圖 4-1-1　損益平衡點圖表

單位：千元

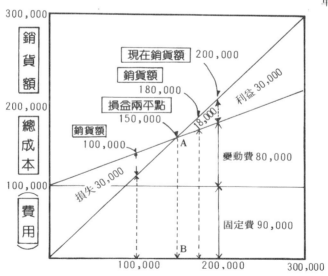

　　損益平衡點圖表又稱利益圖表（Profit Graph），一般稱為盈虧平衡圖，系由美人 C・E・Knoeppel 於 1908 年所創，因利用此圖表可分析企業盈虧情形，故稱盈虧分析，或損益平衡點分析（Breakeven Analysis 或 C・V・Panalysis）。

　　損益為零，即不賺不虧時之銷貨額，稱為損益平衡點（損益分界點）。超過兩平點銷貨額時，即開始賺錢，低於此點即呈虧損狀態。因之，實際上銷貨額，應超過損益平衡點多少，才能開始賺錢，為經營者所關心的問題。故利用兩平點圖表，作為擬訂利潤計劃，以掌握損益結構之變化，已成為經營者不可或缺之工具。表示這個結構的變化指標，稱為損益平衡點比率。

　　所謂損益平衡點比率，就是兩平點銷貨額佔實際銷貨額之此，亦即兩平點圖表上兩平點的位置。如前例：固定費 90000 千元，變動費 80000 千元，銷貨額 200000 千元時，損益平衡點為 150000 千元。將其代入公式計算如下：

損益平衡點比率＝損益平衡點／實際銷貨額×100

＝150000 千元／200000 千元×100＝75%

　　損益平衡點比率 75%，表示企業賺錢之潛力，能忍耐到銷貨額降低 25%的限度。亦即實際銷貨額再減少 25%，亦不會產生赤字的意思，這個比率常作為測定不景氣抵抗力之指標。

　　健全的損益平衡點比率，應在 75%以下，愈低則不景氣抵抗力愈強。如同相撲之選手，其腰部重心愈低，站得愈穩一樣，企業之損益平衡點位置愈低，經營愈穩健。

　　一般水準在 76%～85%之間，86%～95%即表示重心較高，必須提高警覺。超過 95%時，表示能承受降低銷貨額之限度在 5%以下，已經進入危險狀態。

損益平衡點分析可以幫助經營者，早期發現問題，謀求解決方策。損益平衡點乃決定於銷貨額、固定費用及變動費用三個要素。故要降低損益平衡點比率首先必須提高銷貨額；只要把銷貨額提高，損益平衡點比率才能下降。其次要降低變動費，提高邊際利益率。降低變動費即降低原材料費、外制加工費、包裝材料費等。要降低這些費用必須從購入的單價。減少生產時之損耗，及改善作業方法等工作著手，才能使成本降低，邊際利益率就能提高，固定費用因不隨銷貨額之減少而降低，故必須針對每一費用項目採取降低之對策。然而一般管理制度老化，經營效率較差之企業，固定費用常有偏高之趨勢，如何降低固定費已成為企業經營管理者年開心的問題。在現實的工作環境與條件下，降低固定費用並不容易產生效果，除非經營者下定決心，革除陋習，以新觀念、新方法和新作風，從管理的技術及精神建設著手，大刀闊斧，徹底檢討生產，品質，銷售、管理、研究開發和財務運轉等得失，全面展開必要的整頓措施及改善工作，才能提升管理水準，降低成本，否則難期收效。

心得欄

◀))) 第二節　損益平衡點和企業的生命線

一、如何降低損益平衡點

　　損益平衡點是愈低愈好，但是，通常卻是會逐漸上升的。損益平衡點的逐年上升，使許多的企業感到頭痛。事實上，只要銷貨收入增加，損益平衡點的上升是無法避免的。不過，如果銷貨收入上升的幅度不太大的話，就有設法降低損益平衡點的必要。

　　從損益平衡點的公式可以看出來，如果要想降低損益平衡點，可以採兩種方法，一種是縮小分子的固定費，另一種是擴大分母的邊際利益率。關於固定費的下降，是非常困難的。但是當企業的財務處於危機狀態時，必須採行某種方法，以使得固定費下降。

> 損益平衡點＝固定費÷邊際利益率
>
> 降低的方法：
>
> ①使固定費變小
>
> ②使邊際利益率變大

　　關於邊際利益率的提升，其改善也是很有限度的。因此，一般的企業，損益平衡點的增高，是無可避免的。所以，與其注意平衡點所顯示的金額，倒不如注意平衡點在銷貨收入中所佔的比率，也就是損益平衡點比率。

二、如何降低損益平衡點比率

1.損益平衡點比率與安全率

如果銷貨收入相同，損益平衡點金額的大小，可以顯示業績的優良與否。但是，在實際作業時，自己公司與同業其他的公司在銷售額上，是各不相同的。同時，本期與前期的銷貨收入也是各不相同的。因此，就需要觀察損益平衡點在銷貨收入中所佔的比率。

此種比率，包括了損益平衡點比率與安全率。損益平衡點比率愈低愈好，安全率愈高愈好。

損益平衡點比率與安全率相加，所得的值，剛好是 100%。因此，只要求出其中的一方，就可自動地求得他方之值。一般的統計資料上，都會顯示出損益平衡點比率。但是如下所列舉的公式，在觀察損益平衡點與銷貨利益率的關係時，使用安全率比較方便。

損益平衡點比率＝損益平衡點÷銷貨收入×100

安全率＝（銷貨收入－損益平衡率）÷銷貨收入×100

2.如何降低損益平衡點比率

「降低損益平衡點比率」，就等於是「提高安全率」。在思考應採行的策略時，從損益平衡點比率的觀點，比較容易瞭解，觀察公式即可明瞭。

要想降低損益平衡點比率，只要降低分子的損益平衡點，或者擴大分母的銷貨收入。

降低損益平衡點的方法是，降低固定費、提高邊際利益率。因此，綜合而論，其方法可以大別為三項：①縮小固定費，②擴大邊際利益率，③擴大銷貨收入。

表 4-2-1　促進改善的策略

① 縮小固定費	
② 擴大邊際利益率	(A) 縮小固定費率
③ 提高銷貨收入	(B) 擴大邊際利益率

從下面的例子，可以瞭解，經由(A)、(B)的改善策略，而降低損益平衡點比率。

計算公式：

銷貨收入	1000 萬元	損益平衡點＝$300 \div 400\% ＝750$ 萬元
變動費	600	損益平衡點比率＝$(750 \div 1000) \times 100 ＝75\%$
邊際利益	400	安全率＝$(1000 - 750) \div 1000 \times 100 ＝250$
固定費	300	或者：$1 - 75\% ＝25\%$
利益	100	

　　然而在實際的作業上，要減少固定費是很困難的。固定費會逐年增加。因此，即使固定費增加，但為了降低固定費率，需要增加銷貨收入。降低固定費率，是以增加銷貨收入為前提的。因此，降低損益平衡點比率的方法，可以簡化成兩項：A 縮小固定費率，B 擴大邊際利益率。任何企業的銷貨收入，都會逐年增加，因此損益平衡點逐年增高是無可避免的。但是對任何企業來說，都需要設法降低損益平衡點比率，提高安全率。

3.應當重視那一項

　　一般企業，常採用綜合性的方式，既要降低損益平衡點，又要求降低損益平衡點比率。不過，在公司內檢討此類問題時，應明確地決定，應當注重那一個專案。如果不作明確的決定，必然議論紛紛，因而無法採行具體的策略。

降低損益平衡點與銷貨收入的增加沒有直接關係。增加銷貨收入，當然是很好的，但是在討論損益平衡點的下降時，不需考慮銷貨收入。相對的，如果要降低損益平衡點比率時，則必須增加銷貨收入。因此可以知道，降低損益平衡點與降低損益平衡點比率，兩者是不同的。必須明確地表示出，決定重視那一項。

營業額增加時，企業收益也隨之增加；反之則出現赤字。我們稱利益和赤字間之界限點（利益為零時之營業額），為損益平衡點。

計算損益平衡點，可採下列公式：

$$損益平衡點＝固定費用÷（1－變動費用÷營業額）$$
$$＝固定費用÷每單位平均邊際效率$$

固定費用即為人事費用、折舊費用、租賃費用以及雜項費用等；亦即與營業額或生產額增減無關的固定數目經費。

變動費用即為隨著營業額或生產額的增減比例而發生的經費。如材料費用、代工費及動力燃料費用等（在銷售業而言，變動費用即是銷貨成本）。

三、損益平衡點比率不可超過 90%

損益平衡點對營業額的比率，稱為損益平衡點比率。這是就收益面測定安全度的指標。若達 70%以下，為健全；80%為普通；90%以上就有危險了；超過 100%，便成赤字。

損益平衡點比率若達 90%，便是低收益，為一紅燈號誌，顯示僅剩 10%的餘裕。若營業額再降低 10%，便形成赤字。總之，損益平衡點比率在 70%以下（即餘裕在 30%以上），就是健全企業。

$$損益平衡點比率＝損益平衡點÷營業額$$

四、降低損益平衡點的三項要訣

欲降低損益平衡點的要訣有：

第一，擴大營業額。營業額增高，相對損益平衡點降低，收益提升。

第二，減少固定費用。裁減人員、經費，從事「減量經營」。如此可減低固定費用的支出。

第三，減少變動費用。若能將材料費用和外包費用降低，收益自然提升。

五、損益平衡點的四種類型

損益平衡點圖表：

損益平衡點＝固定費用÷（1－變動費用÷營業額）

損益平衡點比率＝損益平衡點÷營業額

圖 4-2-1　損益平衡點圖

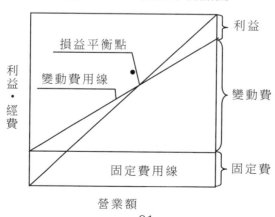

研究損益平衡點時，隨著類型不同(例如化學工廠或旅館業等的裝潢設備產業；折舊費用佔成本一大半的「高固定費用型企業」；或銷售公司等，80%為銷貨成本，10%～20%為固定成本的「低固定費用型企業」)，其對策也各有不同，可約略分為四種類型：

①高固定費用・高損益平衡點類型──危險型企業。

②高固定費用・低損益平衡點類型──高收益型企業。

③低固定費用・高損益平衡點類型──慢性赤字型企業。

④低固定費用・低損益平衡點類型──安定收益型企業。

第三節　危險型企業的財務策略

一、為降低損益平衡點，縮小規模是第一步驟

「裝潢設備型產業」、「人海戰術型企業」大多屬危險型企業。

固定費用佔營業額 40～50%的業種，如化學工廠等的「裝備產業」，和使用許多人手的「人海戰術型企業」，以及服務業等，比比皆是。若其損益平衡點比率超過 90%以上，則就屬於所謂危險型企業。

損益平衡點比率在 100%以下時，企業可能有些許收益，但一旦營業額滑落 10%以上，這些危險型企業即立刻出現極大赤字。換句話說，他們對營業額的降低極為敏感，是極為容易倒閉的企業典型。

當損益平衡點比率超過 90%時，必須實施縮小規模等的根本性對策。借規模的縮小，達成減少固定費用的目的，方為當務之急。

欲縮小規模的要訣有：

第一，賣掉不能賺取利潤的閒置資產。關閉或出售不賺錢的經銷

店和工廠。

第二，削減經費。從高階層幹部薪資的削減開始，以徹底節省經費。

第三，裁掉部份人員。面臨這種情形，管理者的薪資也非刪除一部份不可。同時，須積極地裁減冗員，重新整頓人事。

此外，隨著裁員，對不賺錢的商品或信用不好的顧客，也必須裁減掉或拒絕往來，以實行「減量經營」。若一個赤字公司的資金調度已到了極度惡化時，除了裁員，還必須暫時停止債務和利息的償付；或是先賣掉總公司的建築物和工廠，以租賃方式租用來安定資金。此未嘗不是一個可行的途徑。

有時裁減生產部門人員或出售工廠，會阻礙到公司的生產。故此時最好利用前所提及的外包方式來度過難關。再者，送貨部門、守衛或其他部門的人員，也大可委由貨運行或保全人員代勞。

將公司內部的作業事項，委託外包。此法可將固定費用轉變為變動費用。

二、擴大營業額、強化營業部門是第二步驟

擴大營業額，須強化營業部門陣容。就是把間接部門或生產部門的優秀適宜人才，調遣到營業部門，以強大陣容。

圖 4-3-1 高固定費用·高平衡點的企業類型

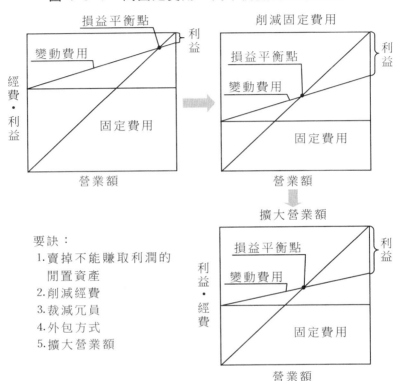

要訣：
1. 賣掉不能賺取利潤的閒置資產
2. 削減經費
3. 裁減冗員
4. 外包方式
5. 擴大營業額

心得欄

第四節　高收益型企業的財務策略

一、強化財務體質

此類型的企業，獲益力良好。而欲強化資本，則須積極保留利益於企業內部。

為了適應未來工廠自動化（FA）等的合理化投資趨勢，必先力求自有資本的充實。其目標應置於自有資本比率 50%，及長期資本比率 70% 以下。

二、投資商品開發贏得未來

獲益力良好時，應積極從事商品和技術的開發，替將來鋪路。其有兩個主要方向。

第一，就目前市場情況做延伸發展。觀察目前市場環境，那些屬於成長型，仍處於發展性的市場。

第二，加入新市場的開發領域。當現有市場已至高峯成熟期或是呈所謂的「夕陽市場」時，應往此方向。

三、擴大現有市場、開拓新市場

擴大目前市場，增加營業額，可使損益平衡點降低，提高獲益力。

其次，為了適應未來，須積極從事新市場的開拓。關於新市場開

拓，有以下兩個辦法：

第一，轉移消費市場。如由汽車業進軍家電業；或由男性市場轉至女性市場。

第二，擴展地區消費市場。如由內銷市場進軍外銷市場；或由臺北市場拓展至臺中等市場。

企業規模愈大，市場開拓策略則愈重要。必須在處於「高收益體質」狀態時，乘勝追擊，以求更高收益。

圖 4-4-1　高固定費用・低平衡點類型的對策

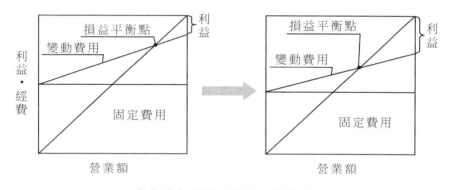

當收益力高的時候擴大營業額

商品開發
市場開拓的領先投資
人才培養

四、銷售管道的強化和開拓

為了強化目前的銷售管道，須加強對顧客的銷售支持和銷售指導。亦即強化企業與顧客的關係，提高顧客對商品的喜愛和依賴性，以增加營業額。

同時，須積極謀求穩定顧客的策略，以防其他公司介入。

再者，開拓新的銷售管道，具多種及多樣化的銷售通路，以積極為未來鋪路。最近許多公司都採取管道多樣化路線，藉以求營業額的平穩。

五、多舉辦促銷活動和激發職員潛力

在現今社會中，促銷活動是擴大目前營業額不可或缺的一項要素。因此，必須積極努力籌劃促銷對策，或用廣告宣傳來加強消費者印象，或用犧牲打折方式來吸引顧客的注意，均是可行之道。因此，在獲益力高的時候，應該在編列預算之時，多撥出一些經費，置於廣告宣傳或展示會等的促銷活動上。

其次，人才是企業的根本、原動力。所以培養人才是屬長期性投資，應盡快實施，如開研討會和舉辦在職訓練等培訓工作。尤其在景氣好的時候立即實施，更是能收到未雨綢繆之效，發揮功能。

心得欄

第五節　慢性赤字型企業的財務策略

一、銷售公司、承攬企業屬此類型

　　許多的銷售公司和承攬企業都屬於此種類型(固定費用只佔營業額的 10～20%)。固定費用少,相對的變動費用就多,約佔營業額的80%之多。換句話說,此類型企業的邊際利率甚低,損益平衡點高達90%以上,屬於一種慢性赤字型的企業體質。

　　此種企業,即使營業額增加,其所獲利益也不會太大;情況不好時,也不必擔憂會有龐大的赤字出現。此即為這類企業的特徵。

二、當務之急為降低變動費用比率

　　這類企業即使擴大營業額,也不會有極大的收益。因此,求變動費用的降低,是一個重要課題。

　　對承攬企業言,降低營業額和售價中主要部份的材料費和外包費用;而銷售公司,則降低銷貨成本的支出。

三、挑選能創造利潤的商品和顧客

　　去除利潤不佳的商品,並選定具市場銷售力的商品,對此類型企業相當重要。若能挑選出「強力」商品,變動費率即會降低,獲益力便提高。

由於市場和顧客的需求關係，商品種類一多，即會影響全體性利益。因此，每年必須對各商品的利益率高低做一個檢討，並對各類商品加以整理和挑選。

同時，也必須就利益率觀點，對顧客做整理、選擇的工作。對利益率不佳的顧客，是否可減價售貨？或提高價格。

圖 4-5-1　低固定費用‧高平衡點類型的對策

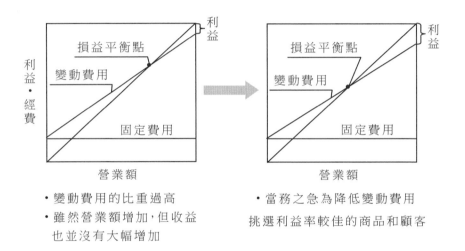

• 變動費用的比重過高
• 雖然營業額增加，但收益也並沒有大幅增加

• 當務之急為降低變動費用挑選利益率較佳的商品和顧客

四、檢討各營業人員銷售行為的利益率

營業人員若缺乏交涉能力，遇到顧客殺價，往往因勉強售出而降低利益率。因此，應自營業人員著手，個別檢查其利益率。相同的銷售商品，由不同的營業人員執行，會有不同的效果。

五、改善利益率能擴大營業額

先選擇利益率佳的商品和顧客；而後檢討營業人員的業績。唯有先提高利益率之後，才能採取擴大營業額的對策。

利益率低的時候，不管如何努力地擴大營業額，也無濟於事。因此，應先謀求以利益率為中心的「效率經營」，迨建立了此種經營體制後，才能進行擴大銷售額的策略。

第六節　安定收益型企業的財務策略

一、充實、強化自有資本

此類企業包含有許多健全的銷售公司。這些公司的獲益力佳，且財務極為穩定。故應趁此機會把盈餘多留在公司內部（即多擴充保留盈餘），做為充實自有資本的基礎。

尤其許多流通產業資本力都很薄弱，應在具有收益的時候，儘快強化資本力。

二、開發利潤商品

為了提高獲益力，開發高利潤商品及附加價值高的商品，是此類企業的重要課題。

在商品生命週期逐漸縮短的今日，無人敢斷言，現在能賺錢的商

品，明天能夠持續不衰。為了創造「明日商品」，今天就必須積極投資開發。

三、利用 VA（價值分析法）改良商品

此類型的製造業，在開發新商品時，同時也須對目前商品加以檢討和改良。尤其對於利益率低的商品以及銷路不理想的商品，要重新估算其繼續存在的價值。

運用 VA（價值分析法），訂出一降低材料成本費的對策。這種檢核是絕對必要的，因在售價中，材料成本費佔有相當大的比例，若能降低，相對收益跟著提高。

圖 4-6-1　低固定費用‧低平衡點類型的對策

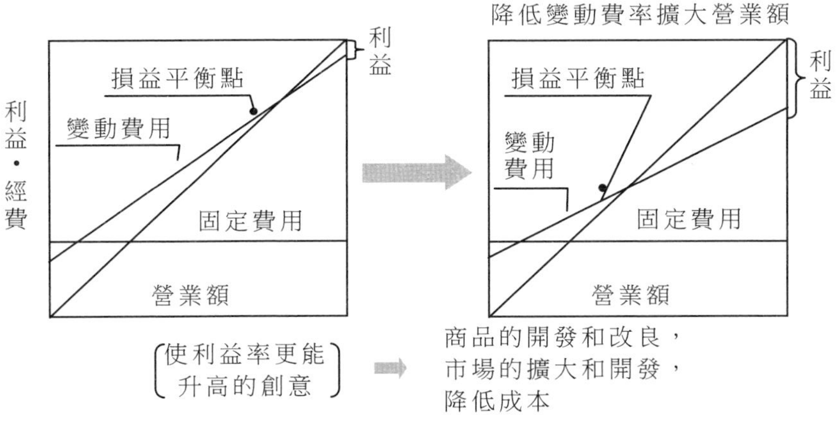

四、減低運費等變動費用的支出

有關運費、動力燃料費、消耗工具費等的變動費用，亦須加以檢

討。檢討時，宜從金額較巨的支出開始，看其是否有降低的可能性。其中運送費用在成本方面所佔之比例頗大，若能有計劃地作定期性配送，可節省不少成本。

由於此種企業屬低固定費用的企業，若能在變動費用方面減少一些，可增加收益。

五、擴大現有市場和開拓新市場

此類企業目前具有相當的獲益力，亦即具有市場能力。所以應積極地擴大和開拓市場。

對中小企業來說，此時應特別注意的一點是，選擇適合自己公司規模的市場。其市場策略必須嚴禁「廣泛攻擊」和「浮面攻擊」，應著重於「重點攻擊」和「深入攻擊」，先建立點而後成線至面，做一步步有計劃的「攻城掠地」行動。同時，為了加強與顧客的密切關係，必須積極支持銷售，以提高顧客對商品的喜好和依賴性，及自己公司商品的交易比例。其次，必須設法瞭解顧客，進而穩定顧客，以摒除其他公司介入競爭。

第 **5** 章

年度經營計劃的配套

🔊 第一節　年度經營計劃管理要點

一、年度經營計劃的制訂

　　企業制訂年度經營計劃時，首先面對的問題是由誰負責主持制訂年度經營計劃。

　　年度經營計劃中重大工作內容應該逐項列出，並制訂工作進度表。

　　各項計劃指標確定部份和預測部份應該明確分開，盡可能壓縮預測範圍（如將已經簽署合約的業務和不確定業務分開列明），同時要詳細說明預測過程和依據。計劃中包含的各項數據要儘量明細。

二、年度經營計劃的執行控制

如何保證行動計劃有效落實執行到位呢？有兩個工具可以幫助行動計劃落到實處，執行到位。一個是工作分解表 WBS(Work Breakdown Structure)；另一個是甘特圖(Gantt chart)，工作分解表是把各部門職能進行分類、分解和細化，然後再用甘特圖把每項工作細化成行動計劃，確定完成日期，並跟蹤執行情況。

魚骨圖是一個非常好的尋找措施方法的工具，找到措施方法要形成行動計劃，措施要責任到人，明確時間節點及未完成的責任承諾。

三、年度經營計劃的溝通

企業的計劃或者方案要想在各個部門或分公司得到有效執行，「有效溝通」是前提和重要手段。所謂有效溝通，就是要讓他們首先深刻、全面地瞭解，並且認同，最好的方法就是讓他們全程參與進來。就是說，讓未來執行該計劃或方案的部門的主要幾個經理及骨幹都參與到計劃或方案的制訂當中去。

四、年度經營計劃的配套

很多企業的常規組織架構不能與年度經營計劃相配套，主要是因為企業過去的組織結構缺乏正確的指導，企業必須結合自身特點，適當地調整組織架構。

很多企業在開展工作時，經常發現有的工作沒人管，便隨便增設

一個新部門（如信息綜合管理部）專門負責該項工作，沒過多久，又遇到一項工作，如與政府之間的關係沒有人負責，便又增設一個公關部，過了不久，又發現上市的工作沒人管，便設立一個戰略投資部，部門就這樣一個個慢慢地「長」了出來，長到最後整個結構就會非常混亂，因為它沒有經過系統的組織，所以與系統性工作無法配套。

現代企業在組織架構上進行了微調，設置總經辦，設立一個部門，叫總經辦，即總經理辦公室，儘管在價值鏈裏沒有這個部門。此處的總經理指的不是一個人，是指以總經理為核心的高層管理團隊對下屬進行監督和管理。也有很多企業設置了「副總」，但他們通常沒有實職，最好不要賦予其實職，把副總僅僅作為一種職稱，否則管理就會出現混亂。企業設置副總的背景是，在形成價值鏈之前，所有的部門都對總經理負責，而總經理一個人應對不了七個部門，只好設一些副總分管事務，一旦內部價值鏈形成，就沒有必要再增設很多副總。

五、年度經營計劃的監控

為了保證年度經營計劃的落實，企業需要建立一個常態監控機制。

總經辦負責監督每個部門是否按照計劃落實項目，以及項目完成之後的品質評估。它負責檢測部門上報情況的真實性、準確性以及落實性。總經辦為此需要建立一整套管理模式，專門用於監督年度經營計劃。

監督年度經營計劃落實情況，是企業組織定期的年度經營計劃監控會。

一般來說，會議在每個月的 10 日召開，只討論與年度經營計劃

相關的問題。會議要求所有總監不得缺席，每月召開一次，每次開半天或一天時間。各個部門的總監都要彙報本部門的情況，以便於有針對性地討論相關問題。例如，針對業績沒有按預期增長的問題，要不要追加項目或者是縮減一些預算。如果會議召開得不及時，整個計劃可能出現偏差，那些項目還沒有開始實施或者是沒有達到目標，部門都不瞭解，就會造成整體計劃的混亂，同時計劃不能隨意調整，否則會變成一紙空文。

第二節　公司各部門的年度業務計劃

企業戰略規劃需要解決以下核心問題：

1. 我們要成為什麼？我們將要去那裏？如何衡量？（發展願景、戰略目標）

2. 我們從那裏來？我們現在在那裏？我們處於一個什麼樣的環境？（外部、內部環境分析）

3. 我們是如何到達這裏的？我們將如何到達要去的地方？（戰略定位、競爭戰略、職能戰略）

4. 如何評價我們始終在正確的路上？如果出現偏差我們應該如何及時預防與糾正？（年度經營計劃、戰略評價、經營衡量與檢討）

可以這麼說，戰略是企業經營的起點，企業經營應該始終圍繞戰略目標的實現而展開；當然，實現戰略目標不可能一蹴而就，它需要企業做好每一年的經營計劃並保證有效實施。因此，我們經常會說，戰略為我們指明了方向，而年度經營計劃是戰略達成的基石。

年度經營目標確定後，接下來的工作就是要規劃如何保證經營目

標的順利實現，這就需要相關目標的責任擔當主體對目標進行細化，進而提出目標實現的行動步驟和方案，在很多企業也統稱為年度業務計劃系統。

通常情況下，業務計劃會包括年度行銷計劃（包括品牌計劃、市場計劃、管道管理計劃、銷售計劃、價格計劃、客戶服務計劃等），年度研發計劃（包括新品路線圖計劃、新品開發計劃、新品上市計劃、產品生命週期管理計劃等），年度供應鏈運營計劃（包括供應商管理計劃、物料供應計劃、生產計劃、品質控制計劃、倉儲計劃、物流計劃等），年度財務及投資計劃（包括年度投資計劃、年度融資計劃、年度稅務規劃、年度成本控制計劃等）和年度人力資源計劃（包括年度人力資源需求計劃、年度人力資源招聘計劃、年度人力資源培訓計劃、年度人力資源激勵計劃等）。

另外，企業在制訂年度經營計劃的時候，單單有業務計劃還不夠，因為對於任何一家企業而言，其經營的目的都是要追求效益最大化，因此，企業還需要根據業務計劃和年度經營目標確定年度經營預算。

第三節 上下級形成目標體系

一、上下級的目標應當聯結在一起形成目標體系

訂定計劃的時候，難免會流於由上級訂定出全公司的目標，然後予以分割，將分割後的目標，交給下級單位處理。某一天，突然之間，下級單位收到了總經理的目標或方針，那麼下級單位難免會不知所措，因此，應當在事前，上級單位與下級單位充分檢討之後，再訂定目標。總之，由上級單方面制定出目標，交給下級去處理的方式，是不對的，應當在事前檢討，在進行中協調。設定目標的基本流程圖，有如圖 5-3-1 所示。

首先訂定出總經理的目標，以及達成目標的方針、方法。然後將總經理的目標予以分割，將總經理目標中的某一部份，作為部長的目標。

例如，總經理的目標是銷貨收入，那麼營業第一部長，則以該一銷貨收入中的某一部份，作為目標。不過，更重要的是，在總經理的方針與方法能夠具體化之後，才訂定部長目標。

例如，增加利益是總經理所訂定的目標之一，為了達成此一目標，所採取的方針，就是節省材料費。製造部長接受了此一方針之後，具體地將所需節省的材料費，以比率或金額表示出來，然後訂定出明確的目標。製造部長為了達成目標，則將重點放在某某材料的管理上，並力求某某材料的節省。

圖 5-3-1　上下的目標聯結在一起

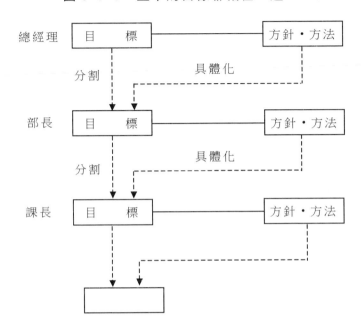

二、促使目標具體化

　　上級不論訂定了多麼傑出的目標，如果不能夠與具體的方法聯結在一起，終將變成一句口號。必須像流水一般，上級的意思應順暢地傳達給部屬。假設，總經理強調經營效率，而課長接受了之後，僅重視效率是不夠的，必須設想出具體的方法，才能夠達到講求效率的目標。在講求具體的方法之前，必須有明確的目標與明確的方針。

　　假設總經理下達命令「要小心火燭」→部長又傳下去「要小心火燭」→課長也往下傳「要小心火燭」，這樣是不夠的，必須讓每一個人都能夠理解，為什麼要小心火燭，同時應講求具體的方法，來讓人

理解「小心火燭」的目的。這雖然是一個極端的例子，但是許多公司在處理問題上頗有此種傾向。

在實際處理問題時，上級雖然明確地表示出目標與方針，而其表示方法往往是抽象性的，能夠作各種解釋的。上級提出目標，照上級的解釋，往往使員工產生一種錯覺，認為只要照此目標努力下去，就必定能夠達成此一目標。這就好像軍隊只要求士兵往前衝，而不明確指出攻擊目標一樣。

總經理、部長、課長，以及各級的主管，都應當明確地表示出具體的目標、具體的方針、具體的方法，並且讓上下的目標能夠聯結在一起。

第四節　年度經營預算的編制示範

年度經營預算是企業根據年度經營目標及業務計劃，透過對全年收入及支出的預測，對企業年度經營結果做出的預測。

年度經營預算是指在戰略及年度經營目標的指導下，對未來的經營活動和相應財務結果進行充分、全面的預測和籌劃。企業透過對執行過程的監控，將實際完成情況與預算目標不斷對照和分析，從而及時指導經營活動的改善和調整。年度經營預算能夠幫助管理者更加有效地管理企業和最大限度地實現戰略目標：

一、總則

第一條　為適應企業發展要求，建立現代企業制度，完善公司法人治理結構，提高公司整體管理水準和效益，經董事會研究決定，在公司建立全面預算管理機制。

第二條　全面預算管理的基本原則是：

(一)量入為出，綜合平衡；

(二)效益優先，確保重點；

(三)全面預算，過程控制；

(四)權責明確，分級實施；

(五)嚴格考核，獎懲兌現。

第三條　全面預算管理的範圍與內容：

全面預算管理是對公司預定期內的經營活動、投資活動、財務活動，進行全面規劃、預計、測算和描述，並對其執行過程與結果進行控制、調整和考評的一系列管理活動。具體內容包括：

(一)制訂企業在預定期內的戰略規劃和經營目標；

(二)編制公司經營預算、資本預算和財務預算；

(三)經過法定程序審查、批准企業預算；

(四)全面執行企業預算；

(五)對執行預算過程進行監督和調控；

(六)編制企業各項經營活動執行情況的回饋報告，對預算執行情況進行分析；

(七)對各預算執行部門的業績進行考核評價，獎懲兌現。

第四條　全面預算管理的基本任務是：

(一)組織落實公司董事會確定的年度經營目標並細化、分解，組織實施；

(二)明確公司內部各部門的預算管理職責和權限；

(三)對公司預算執行情況進行控制、監督、分析和考評。

第五條　本制度適用於公司總部及公司所轄各子公司、分公司、分廠、工廠以及其他經濟實體。

二、預算管理的組織體系

第六條　全面預算管理組織體系由預算管理決策機構、預算管理職能機構和預算管理執行機構三個層次組成。

（一）預算管理決策機構是領導公司全面預算管理的最高權力組織；

（二）預算管理職能機構是負責預算的編制、審定、監控、協調和回饋的職能部門；

（三）預算管理執行機構是預算執行過程中的各個責任預算執行主體。

第七條　預算管理決策機構為公司預算管理委員會，公司預算管理委員會受公司董事會直接領導，公司法人代表任主任委員，副主任委員由公司總經理和財務負責人擔任，成員由公司高級管理人員和部份子公司、分公司及部門負責人組成。

預算管理委員會具體組成人員名單由董事會研究決定。

預算管理委員會的職責是領導公司全面預算管理工作。主要職責包括以下幾項：

（一）根據公司遠景規劃、發展戰略及長期計劃，制訂公司本年度預算控制指標；

（二）審批有關預算管理的政策、規定、制度等相關文件；

（三）制訂全面預算編制的方針、程序和要求；

（四）審查公司總預算草案和下屬二級單位預算草案，並就必要的修訂提出建議；

（五）將經過審查的預算提交公司董事會及股東會審議，通過後下達正式預算；

（六）審批預算管理獎懲辦法；

（七）仲裁和協調預算管理中的衝突和糾紛；

（八）審批預算調整事項和在必要時對預算執行過程進行干預；

（九）接受預算與實際比較的定期預算報告，審定年度決算。

第八條　公司預算管理職能機構為公司預算管理辦公室，負責公司日常全面預算管理工作。主要職責是：

（一）負責公司預算管理制度的起草和報批工作；

（二）根據預算委員會的決議，編制企業年度預算管理指南或大綱；

（三）組織制定公司預算的各項定額工作、價格工作、標準化工作等基礎工作；

（四）為各預算單位的預算管理提供諮詢；

（五）編制公司年度全面預算（草案），並根據預算總目標向公司內部各部門分解、下達預算指標；

（六）預審下屬二級預算單位預算草案，並提供修改意見和建議；

（七）匯總企業預算，並向預算委員會提出審批重點和建議；

（八）負責檢查落實公司預算管理制度的執行；

（九）對預算執行過程進行管理和控制，並定期進行分析；

（十）結合預算運行的實際情況，提出調整預算指標的建議方案；

（十一）定期向預算委員會提供預算回饋報告，反映預算執行中的問題，並為預算委員會進一步採取行動擬定備選方案；

（十二）負責預算管理的其他日常工作。

公司預算管理辦公室與公司財務部合署辦公，財務部部長兼任公司預算管理辦公室主任。

第九條　全面預算管理的監控工作由預算管理辦公室牽頭負責，考評工作由人力資源部牽頭負責，各職能部室按其職能分工做好

配合。

第十條　全面預算管理的執行機構為公司各級預算責任執行主體。按其性質和責任分別劃分為投資中心、利潤中心和成本、費用中心。各責任中心必須具備的條件是：

(一)具有承擔責任的主體，即責任人；

(二)具有確定責任的客體，即資金運動；

(三)具有承擔責任的基本條件，即職權；

(四)有考核責任的基本標準，即績效。

第十一條　投資中心是需要對其投資負責的責任中心，適用於對資產具有經營決策權和投資決策權的獨立經營單位。

第十二條　利潤中心是指需要對收入、成本、費用負責，並最終對利潤預算負責的責任單位。

第十三條　成本、費用中心是指具有一定成本、費用控制權，因而只能對其可控成本費用預算負責的責任單位。

第十四條　各責任中心的確定和劃分由公司財務部門擬定草案，報預算管理委員會審批決定。

三、全面預算的內容和責任分工

第十五條　公司的各項預算本著「誰執行預算，誰就編制預算草案」原則確定各項預算草案的編制責任單位如下：

(一)銷售預算草案由銷售部編制；

(二)生產預算草案由各製造分廠編制；

(三)員工薪資預算草案由人力資源部編制；

(四)製造費用預算草案由各製造分廠編制；

(五)產品成本預算草案是由各製造分廠編制；

(六)採購預算草案由採購部編制；

(七)存貨預算草案由儲運部編制;

(八)管理費用預算草案由各職能管理部門編制;

(九)財務費用預算草案由財務部編制;

(十)銷售費用預算草案由銷售部編制;

(十一)科技開發費用預算草案由工程部編制;

(十二)固定資產投資預算草案由項目主管部門編制;

(十三)權益性資本投資預算草案由投資發展部編制;

(十四)債券投資預算草案由財務部編制;

(十五)籌資預算草案由財務部編制;

(十六)現金預算草案由現金收入部門和各現金支出部門編制;

(十七)預計資產負債表草案由財務部編制;

(十八)預計損益表草案由財務部編制;

(十九)其他預算草案均按照部門職能分工編制。

四、全面預算的編制程序、方法和時間

第十六條 年度預算的編制

年度預算的編制按照「由上而下、上下結合、分級編制、逐級匯總」的程序進行。具體編制程序、方法和時間要求是:

(一)下達目標:公司董事會於每年 10 月 15 日前確定公司下一預算年度的經營目標;公司預算管理委員會根據公司預算年度的經營目標,於每年 10 月 25 日前制定公司下一年度預算編制綱要,確定公司下一年度預算編制的原則和要求,下達各預算執行單位。

(二)編制上報:各預算執行部門按照公司預算管理委員會下達的全面預算目標和政策,結合本單位實際以及預測的執行條件,按照統一格式和分工,編制本部門下一年度預算草案,於 11 月 20 日前上報公司預算管理辦公室。

(三)審查平衡：預算管理辦公室對各預算執行單位上報的預算草案進行審查、匯總，提出綜合平衡的建議，並於 12 月 10 日前回饋給有關預算執行單位予以修正。

(四)審議批准：公司預算管理辦公室在有關預算執行單位修正調整預算草案的基礎上，匯總編制公司全面預算草案，於 12 月 15 日前上報公司預算管理委員會及董事會討論審批。董事會在預算年度的 1 月 1 日前審批年度預算。公司財務預算須經過公司股東大會的審議、批准。

(五)下達執行：董事會審議批准的年度總預算，在 1 月 5 日前，由預算管理辦公室組織落實，逐級下達各預算執行單位。

第十七條　月預算的編制

月預算的編制按照「由下而上、上下結合、分級編制、逐級匯總」的程序進行。具體編制程序、方法和時間要求是：

(一)各預算執行部門於每月 22 日前，將本部門下一月份的預算草案編侗完畢，上交公司預算管理辦公室；

(二)公司預算管理辦公室於每月 25 日前，對各預算草案進行審核，與各預算執行部門進行充分溝通，對預算草案修訂平衡，最終編制公司月全面預算草案，上報公司預算管理委員會及總經理辦公會；

(三)公司預算管理委員會及總經理辦公會于每月 30 日前批准下達下月份全面預算。

第十八條　預算管理辦公室可根據管理需要決定編制週預算或日預算。

第十九條　全面預算的編制方法

全面預算根據不同的預算項目，結合公司實際，分別採用固定預算、彈性預算、滾動預算、零基預算、概率預算等方法進行編制。

五、預算的實施與控制

第二十條　預算的實施

(一)企業預算一經批准下達,即具有指令性,各預算執行單位就必須認真組織實施,將預算指標層層分解,從橫向和縱向落實到內部各部門、各單位、各環節和各崗位,形成全方位的全面預算執行責任體系;

(二)公司各部門應當將全面預算作為預算期內組織、協調本部門各項經營活動的基本依據。

第二十一條　預算的控制

(一)各部門要強化現金流量的預算管理,按時組織預算資金的收入,嚴格控制預算資金的支付,調節資金收付平衡,控制支付風險。對於預算內的資金撥付,按照授權審批程序執行。對於預算外的項目支出,應當由預算管理委員會審批決定。對於無預算、無合約、無憑證、無手續的項目支出,一律不予支付。

(二)各部門要嚴格執行銷售、生產和成本費用預算,努力完成利潤指標。各預算執行部門要建立健全原始記錄,由生產計劃部門對各生產通知單進行統一編號;各生產部門對各生產通知單實際消耗的原料、輔料、燃料、動力、人工、製造費用等作詳細、明細的記錄,以便與預算消耗定額、定率作比較;要及時發現預算執行中出現的異常情況,查明原因,提出解決辦法;財務部門要細化核算,實行按月、按品種核算產品成本。

(三)公司建立全面預算報告制度,各預算執行單位必須按預算管理辦公室的要求定期報告全面預算的執行情況。對於全面預算執行中發生的新情況、新問題及出現偏差較大的重大項目,預算管理辦公室要責成有關預算執行單位查找原因,提出改進經營管理的措施和建

議。

（四）財務部門要利用財務報表和各類內部報表監控全面預算的執行情況，及時向預算執行單位、預算管理委員會和總經理提供全面預算的執行進度、執行差異及其對公司全面預算目標的影響等各種信息，促進公司完成全面預算目標。

六、預算的調整

第二十二條　全面預算正式下達後，一般不予調整。但在預算執行過程中，遇到下列情況，可對預算進行適當的調整：

（一）政策發生重大變化，導致無法執行現行預算時；

（二）企業生產經營做出重大調整，致使現行預算與實際差距甚遠時；

（三）國內外市場發生重大變化，企業必須調整行銷策略和產品結構時；

（四）突發事件及其他不可抗事件導致原預算不能執行時；

（五）預算管理委員會認為應該調整的其他事項。

第二十三條　預算的調整程序

（一）企業調整全面預算，應當由預算執行單位逐級向公司預算管理辦公室提出書面報告，闡述預算執行的具體情況、客觀因素變化情況及其對預算執行造成的影響程度，提出預算的調整幅度。

（二）預算管理辦公室應當對預算執行單位的預算調整報告進行審核分析，集中編制公司年度全面預算調整方案，提交公司預算管理委員會及總經理辦公會審議批准，然後下達執行。

（三）對於預算執行單位提出的預算調整事項，進行決策時，應當遵循以下要求：

1. 預算調整事項不能偏離公司發展戰略和年度全面預算目標；

2. 預算調整方案應當能夠實現最優化；

3. 預算調整重點應當放在全面預算執行中出現的重要的、非正常的、不符合常規的關鍵性差異方面。

七、預算的分析與考核

第二十四條　預算的分析

(一)公司建立全面預算分析制度,由預算管理辦公室定期召開全面預算執行分析會議,全面掌握全面預算的執行情況,研究、落實解決全面預算執行中存在問題的政策措施,糾正全面預算的執行偏差;

(二)開展全面預算執行分析,財務部及各預算執行單位應當充分收集財務、業務、市場、技術、政策、法律等方面的有關信息資料,根據不同情況分別採用比率分析、比較分析、因素分析、平衡分析等方法,從定量與定性兩個層面充分反映預算執行單位的現狀、發展趨勢及其存在的潛力;

(三)針對全面預算的執行偏差,預算管理辦公室及各預算執行單位應當充分、客觀地分析產生的原因,提出相應的解決措施或建議,提交預算管理委員會、總經理辦公會研究決定。

第二十五條　預算的審計

(一)公司預算管理委員會應當定期組織全面預算審計,糾正全面預算執行中存在的問題,充分發揮內部審計的監督作用,維護全面預算管理的嚴肅性。

(二)全面預算審計可以採取全面審計或者抽樣審計。在特殊情況下,公司也可組織不定期的專項審計。

(三)審計工作結束後,公司內部審計機構應當形成審計報告,直接提交預算管理委員會,作為全面預算調整、改進內部經營管理和全面考核的一項重要參考。

第二十六條　預算的考核

預算年度(季、月)終了，公司預算管理委員會應當向董事會或者經理辦公會報告全面預算執行情況，並依據全面預算完成情況和全面預算審計情況對預算執行單位進行考核。

第二十七條　預算考核結果的獎懲

公司全面預算執行考核是企業效績評價的主要內容，應當結合年度內部經濟責任制考核進行，與預算執行單位負責人及員工收益獎懲掛鈎。

八、附則

第二十八條　預算管理委員會授權預算管理辦公室制訂有關全面預算管理的實施細則，以利於全面預算的編制和執行。

第二十九條　本制度由公司預算管理辦公室負責解釋。

第三十條　本制度經公司董事會審議通過。

第三十一條　本制度自頒佈之日起施行。

◎有工作目標的馬，推磨房的驢子

馬和驢子是好朋友，馬在外面拉東西，驢子在屋裏推磨。後來，馬被玄奘大師選中，出發經西域前往印度取經。17年後，這匹馬馱著佛經回到長安，功德圓滿。而驢子還在磨坊裏推磨，默默無聞。

驢子很羨慕馬：「你真厲害呀！那麼遙遠的道路，我連想都不敢想。」

老馬說，「其實，我們走過的距離是大體相等的，只是我是

向前走，而你是原地打轉而已。」

　　故事中的驢子和馬代表了現實生活中的兩種人——沒有計劃的人和有計劃的人。有的功蓋天下，有的卻碌碌無為，本是智力相近的一群人，為何他們的成就卻有天壤之別呢？最根本的差別，並不在於天賦，也不在於機遇，而在於有無計劃！有了計劃，我們就能不停地往前走，最終達到自己的目標。而一旦缺失了計劃，就像驢子一樣，一輩子在打轉，毫無成效而言。

第五節　企業年度經營計劃的常見問題

1. 輕分析、重規劃

　　很多公司在制訂年度經營計劃的時候，一般不重視或者極少關注外部及內部經營環境分析，卻花費很多時間精力討論及確定目標、分解目標、落實責任部門，這是企業年度經營計劃管理中普遍存在的一個現象。

　　造成這種現象的主要原因是很多員工認為自己對公司狀況、行業發展、宏觀經營、技術發展、競爭對手、內部管理等情況非常瞭解，在做年度經營計劃的時候不需要花費時間和精力再去研究這些事情。

　　其實，這種認知是完全錯誤的，企業經營環境無時無刻不在發生變化，如何才能在巨變的經營環境下穩健經營，企業隨時要隨地掌握環境變化情況並適時做出決策。

2.重高層、輕中層、弱基層

確定企業年度經營計劃既是一個自上而下的過程，又是一個自下而上的過程。很多企業都會有這樣的煩惱：在確定年度經營計劃的時候，首先公司高層會拋出一個理想的目標，然後由各個業務和職能部門討論，討論到最後往往就會發現，幾乎每個部門都會覺得目標太高、很難實現，最終，公司為了激勵員工，只能對既定的目標一降再降。那麼有沒有更好的辦法解決這一問題呢？

最好的傳統辦法就是：先透過自下而上認清公司經營環境；再透過高層集中確定公司目標；然後透過自上而下對目標進行層層分解；再自下而上對目標達成的策略和行動計劃進行規劃和論證……如此往復才能制訂出合理的經營計劃。

3.年度經營計劃嚴重滯後

凡事預則立，不預則廢，導致年度經營計劃嚴重滯後。

年度經營計劃應在頭年年底前就確定的，但很多企業通常會在春節前確定，滯後的甚至可能會拖到新年的三四月份甚至年中才能確定。

滯後時間越久，年度經營計劃對企業的實際經營指導作用就越小，從而違背了制訂年度經營計劃的初衷。

年度經營計劃要提前做，要提前到上個年度 10 月份就開始做，上個年度 12 月底之前完成全部新年度規劃工作，再用一個完整的下個年度的財務年度去實施經營計劃。

4.年度經營計劃沒有量化

平常習慣於「也許、大概、差不多……」的管理風格，在日常工作中強調你好、我好、大家好。殊不知，對於企業經營而言，無法量化就不能進行有效管理，不能量化的企業年度經營計劃，只能淪為廢

紙一堆。例如某企業年度經營計劃現狀分析，如下表：

表 5-5-1　某企業年度經營計劃

維度	年度經營重點規劃
1. 以提升銷售能力建設為龍頭，持續推進有效益的發展	(1)進一步加強產品線建設，全力推動業務發展 (2)大力實施產品創新戰略 (3)深入拓展城鄉兩大市場
2. 以信息技術為支撐，不斷提升公司管控能力	(1)強化資料品質管制 (2)大力推廣作業矩陣決策支援系統 (3)積極推廣流程標準化系統 (4)加快推進IT大集中平臺建設
3. 以核保核賠師等專業技術制度建設為主幹，不斷提升公司盈利能力	(1)全力推進核保核賠師制度建設 (2)完善承保管控制度 (3)創新理賠管理模式
4. 以打造服務價值鏈為紐帶，有效提升服務能力	(1)規範服務標準，提升服務效能 (2)大力推廣應用CRM系統 (3)建立實施內部客戶服務制度 (4)加大品牌推廣力度
5. 以績效考評和優化資源分配為驅動，持續增強發展動力和活力	(1)進一步完善績效管理體系 (2)完善經營績效考核辦法 (3)加強全面預算管理
6. 堅持依法合規經營，切實防範經營風險	
7. 深入開展「培訓年」活動，加快創建學習型組織	
8. 加強領導團隊和隊伍建設，培育優秀的企業文化	

在案例中,可看到該企業在進行年度經營重點規劃的時候運用諸如「扎實」「健全」「全面」「大力」「加大」「深入」「強化」「積極」「不斷」等模棱兩可的形容詞,無法量化,就很難讓每個部門都清楚所要做到的程度。

5.過程無跟蹤,結果無評價

沒有評價就難分好壞,部門目標有沒有達成、公司年度經營策略有沒有落地等問題都不及時、客觀地加以評價,其年度經營目標最後必定落空。

很多企業認為對年度經營計劃實施效果進行評價會導致部門和員工之間的協同性降低。其實這是一種片面的理解和狹隘的認知。如果不能對照企業年度經營計劃,每月、每季、每半年對執行情況進行檢討和評價,企業上下很有可能會覺得做好做壞一個樣、多做少做一個樣、做與不做一個樣,最終不了了之,企業在實施年度經營計劃的過程中,要重視對年度經營計劃實施結果的評價,並將結果與其獎金掛鈎。只有這樣,才能夠讓績效好的員工得到充分的正激勵,並讓績效不好的員工得到相應的負激勵,在企業內部創造出多勞多得、績優者多得、貢獻大者多得的分配理念。

6.計劃跟不上變化

這是很多企業年度經營計劃管理普遍存在的問題,在企業的經營過程中,經常會面臨政策、經濟、社會、新技術、市場和客戶等的變化,這些變化有的對企業經營影響很大,甚至會影響到企業的生死存亡,更有甚者會影響到整個行業。

企業年度經營計劃在「計劃跟不上變化」的錯誤,一是計劃不準確,企業在編制年度經營計劃的時候沒有做好充分的信息收集和市場調研,對政府政策的預判不準確,對技術發展的方向沒有前瞻性,對

市場競爭對手的競爭策略認識不到位，對客戶需求的變化不敏感……
當出現這些經營環境方面的重大變化時，企業原來制訂的年度經營計
劃就很難有效落地，經營目標也就幾乎不可能達成。

　　當變化因素影響到經營目標的達成時，企業如果不及時調整經營
計劃、採取應對措施，經營管理就會亂了方寸，偏離經營目標就會越
來越遠。

心得欄 -

- -

- -

- -

- -

- -

第 **6** 章

編制企業經營計劃

第一節　經營計劃案的整合

一、「全公司版」的整合

依據計劃日程而循序漸進的中期經營計劃的籌劃制定作業,已邁向整理的過程了。

各部門、各企業部,將自己策定的「中期事業部經營計劃案」整理成一冊,作為原案,而向中、長期計劃委員會辦事處提出。

辦事處可利用這個機會,召開說明會,並以主要的負責人身份,就計劃的要點,大約的說明、報告,最後整理而成「全公司版。」

辦事處所整理的主要項目包括:

⑴經營總和成長計劃。

⑵利益計劃。

⑶銷售額、銷售量的計劃。

⑷投資、運用計劃。

⑸研究、開發計劃。

⑹生產計劃。

⑺財務、管理計劃。

⑻人員、工作計劃。

⑼組織、重點計劃。

⑽合理化、效率化、資源活性化計劃。

⑾損益分歧點、付加價值向上計劃等等。

這些整理而成的項目，盡可能的使用圖表或圖解。並以過去、現在、未來為構圖方針，給人一目了然的感覺。這樣對以後審查效率之提升，非常有用。

二、審查的重點

辦事處審查的重點是：

⑴把握計劃的全貌。

⑵確認是否有沿襲經營者的基本方針。

⑶注意重要案件、特別條件。

⑷按企業部的方針來設定戰略實行的優先順位。

依據審查要點中有關「經營者的基本方針之展開」，可整理成下列的要領：

1. 經營者的基本方針（A案）及企業部計劃案（B案）之間，明確地就收益方面是否有意見不同及鴻溝問題等情況來做分析。

2. 在此意見不同的鴻溝裏，A案較受重視的是那個企業部門的計劃？居於下位的又是那個部門？而 A、B 二案相一致的又是那個部門

的計劃案呢?就這三點分別地區分出來。

3.為什麼會產生這些意見不同的問題呢?請把握住原因和看法的大綱。

接下來再就「經營上的重要案件、特別案件」來舉例說明:

像工廠的用地收買計劃及新事業開發投資計劃等,是否有某些的危險呢?探討這些問題就成了實現計劃的重要前提條件,一般稱之為「特定事項。」需特別留心注意。

關於「各計劃的戰略實行優先順位」這項,只要沿著以往企業部門的方針,根據重要的順序,做,1、2、3……之編號,就能作為經營資源的重點分配調整時之基準。

 # 第二節　審查企業的計劃案

一、從整體開始整理

這個階段的審查會主要是進行事務平衡之工作。這時以辦事處為中心,召開中期計劃策定委員會,並從各企業部門中選出 1～2 位代表參與計劃。

審查前,辦事處將整理從各企業部集合的計劃案,特別是所謂的「全公司版」、及企業部別全體的構想案,並由出席者說明之。

這些所謂的「經營總合成長計劃案」,是把過去 10 年、5 年的實績相比較之後,究竟有那些地方需要改革,而把這改革方案整理出大綱當作重點。

在這種情形之下,有非常新鮮的期待感,而對出席者而言,是緊

張的一刻。

在事前就能認清全體的構圖，這是非常重要的，就像看樹木，必先掌握森林，這才是要領。如果馬上進入細部的檢討，就無法明瞭自己的計劃究竟在整個計劃中，佔著什麼樣的地位，

也無法判定計劃的好壞。因此先從大地方開始檢討，再擴及於小地方，這是很重要的要領，須特別注意。

二、要和上司的方針相呼應

審查的重點：足以當該計劃期間內是否能呼應到經營者的基本方針為主，並以如何的判定做為依循的方向，對以下的重要項目，加以冷靜、客觀的分析：

1. 在過去 5 年、10 年的經營環境裏，市場的變化，有那種程度的預測和判斷呢？

2. 企業的計劃路線，如何跨進將來的成長領域上呢？

3. 對於收益計劃，特別是利益計劃，和過去 5 年、10 年的業績相比，是高成長（優良）呢？還是延長線型成長（普通）？或是低成長（要注意）呢？

4. 構成商品銷售、服務的品質，在市場，社會的需求變化上是否能夠佔優勢呢？

5. 輸出比率，能擴充多少百分率？貿易摩擦是否對應到海外生產計劃呢？以全體來說：是否已進展到國際化的路線呢？

6. 在研究、開發計劃上，是否能取得時代的先端，創造先鋒呢？又何時能夠收到企業化的收益規模呢？

7. 在設備投資計劃上，對於合理化、成本的競爭目標，又有多少

程度的設定呢？

8.財務、管理計劃，以資金的運用，調查來說，又能冀望多少的戰略效率化呢？

9.順應組織、機能、壞境等新時代的革新，到底是什麼呢？

10.以人資源的活性化計劃來說，相當一人的經常利益，大約在百分之幾以上呢？以上十點，就是重要的項目，必須加以冷靜、客觀地判斷才行。

三、審查的基準

這些重要項目經過嚴密的審查之後，可應用到圖 6-2-1 的「企業部別中、長期經營計劃審查基準」上。

圖 6-2-1　企業部別中、長期經營計劃審查的基準範例

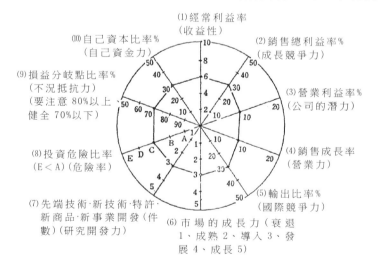

在圖表圓中的曲線範圍中，中間的平衡點是「理想形」，愈往外

擴展的,在企業計劃上稱為「優良」,反之,界線愈小的話,稱為「問題點」。

的確在中、長期經營的計劃中,有特別設定的目標時,就需採「突出」的戰略,這樣的話,以事業為準的「體型」,是不能有若干的不平衡,而這就是「第幾次幾年計劃」的最大戰略。

從圖(1)到(10)為審查項目的基準,對企業而言,企業部別上應適時地交替,彈性的、重點的應用比較好。此外在推算計劃的發展上,應依成長的與否來決定,這是必備的。所以請根據此做曲線的圖表。

審查的結果,應馬上按情況來實行,或者根據判斷再做「第一次審查完畢」後的實行。另一方面,計劃案的調整及改正缺點是必備的,應及時記下缺點作為「改革之點」。

 # 第三節　經營會議來審查計劃案

一、和基本方針相呼應

辦事處詳加審查計劃案後,將這份計劃案加以整理呈報給經營會議。

經營會議依公司的不同,商議的目標及構成的人員也就不同,因此經營機關就是指決定經營意願的機構。

經營機關以董事長為首,集合了主要的職員,並包括了各企業部的最高責任者及中、長期經營計劃委員會的代表,他們的主要任務是接受從辦事處到企業部別各基層、上層的計劃案之報告,再加以審查。

審查首先從整理和企業部的計劃案有關的「全公司綜合成長計劃

案」開始，再來則按企業部別的順序而進展下去。這時的基準是和經營者的中、長期經營指標相同的基本方針。

計劃案當然是按照經營者的構想來設定的，當然也並非絕對合適，因此 A 案（經營者的方針）、和 B 案（企業部的計劃案）之間，必須取得聯繫與溝通。

所以經營者必須以尊重「現場」的計劃案為前提，首先需嘗試鴻溝的調整。

換言之，經營者把自己所描繪的經營展望和基本方針，再一次地確認，並且在該計劃期間內，應以公司的最大力點為實現的目標和戰略的計劃。並以此為軸，決定計劃案的優先順序來指示資源的再分配和經營的架構。

二、決定計劃的優先順序

經營者在指定、決定計劃期間內的經營目標和戰略的優先位置時，應以下列的原則為基準：

1. 應按照基本方針的目標利益來實現，並漸漸地以現事業中的 W、X、Y 的各企業部門擴充為軸來推行計劃。

2. 確知 E 企業部門已進入市場的衰退領域後，應立即用 2 年的時間撤退，並將經營資源活用到其他企業部門，並向「資源銀行」委託保存。

3. 對 5 年、10 年後準備的企業化計劃中的成長領域，採用研究、開發的計劃案。

4. 對這些必要的人力、物力、金錢的經營資源和先行投資事業，採取優先的投資。

5.為了計劃的實現，部門間的調整和管理，應向中、長期經營計劃委員會交待委託，並諮詢。

簡而言之，一旦有了指示與決斷之後，同計劃委員會應立即接受指示來做全公司的調整作業，以便早點進入狀況。

透過經營會議中的審議，經營者所下的決斷和指示，可說是決定經營的根本大綱。而太細微的問題，暫且不要涉及它。

當然細微的問題是基層幹部與經營者之間所必須溝通討論才能決定的，因此基層幹部和經營者鬚根據情況來做決定，千萬不要太急著追究計劃的好壞，否則恐會本末倒置，而失去了原先的意欲和熱誠。

◎裝滿的順序

教授在一個罐子裏放了很多鵝卵石，眼看著就要滿出來，教授問學生滿了麼？學生回答滿了。教授往裏面放了一些碎石子，再問，學生又說滿了。教授又往裏面倒了些沙子，學生又說滿了。最後教授又往裏面倒了很多水，直到溢出。隨後，教授問學生，從中學到了什麼道理，學生說，不要輕易說滿。教授笑了笑說：「你們說得有道理，不過我想告訴大家的是，你只有先把大的鵝卵石放進去，再放小石子，最後才能放沙子和水，一旦次序顛倒就不行了。」

要想在一個大罐子裏放下更多東西，就必須講究放的順序，只有先把大的放進去，才能隨後放進去小的，然後更小的，最後才能放水，一旦次序顛倒，就不可能放這麼多的東西。

企業在工作時，面對形形色色的事情，要懂得先把那些重

要的、緊急的事情先做完，然後再做那些不重要、不緊急的事情，這樣才不會耽誤事情，才能提高自己的工作效率。

 # 第四節　計劃方案的調整

一、整合性

根據經營者的指示，被委託調整中、長期經營計劃的委員會，又再次地以辦事處為中心，來做以下的作業。

依據經營者指示的目標，再按實行戰略的優先順序為基準，把經營資源的再分配當作是全公司企業部間的調整結構。

部門間的相互調整，最重要的就是計劃相互間的整合性。

實現各種的目標和戰略時，必須有共通的計劃和相關連的部門，一旦這些部門不互相地連結，而有彼此排斥的情形發生，這些計劃就將成空影，沒有實現的希望。

更重要的是，從企業部計劃案的策定作業階段開始，就必須互相交換意見及提供情報，這中間當然不會有不合群的特異份子存在，同時也強調了所謂的改進性，這點非常重要，有改進才有進步，因此在交換意見的同時，就著手於改進的提案，這點是必須的。

二、部門間的相互配合

經營者以前項的經營會議為例，對全體的利益目標（經常利益），

按照基本方針依循指示實行。

而以此為軸的原資就是：確保 W、X、Y 的企業部收益。

這時的辦事處必須召集和這些有關連的部門代表，分別是 W、X、Y 的企業部負責人，須依據經營者的指示來共同努力。

互相檢討後所調整的內容，包括：利益目標的修正、銷售成長率的提升、限界利益的擴充、經費、投資的增減、營業外收益計劃的重新改正等等。

這些和製造的支援、銷售、服務人員的擴充有很大的關係。

因為一旦決定了原案之後，作業就較易上軌道，此時，三個企業部門的所有計劃就成「追加的調整」，其中最須加強的就是成長領域的市場為對象之企業部門了。

這時的調整必須要考慮到市場和競爭的條件，一旦發現了不合理時，不要自行修正，須再向經營者提出說明，以達到彼此的溝通與瞭解，這點非常重要，不可忽視。

三、經營資源的再配置

另一方面，關於兩年後被撤退的企業部門，內部資源的轉移就變成非常重大的問題了。有關技術資源，是活用其他的研究、開發、製造及新事業計劃等，並以此為依據，把長年累續的硬體、軟體方面的技術活用到別的領域上。

人力資源，則暫時向「資源銀行」委託，然後再依照其他事業、新事業等的機能和個人的適性，重新再配置。

當然，事業的撤退等計劃，是個重大的決定，因此在計劃案策定之前是受到經營者的指示才決定的，這樣就不會有混亂和動搖的情形

發生。

　　但是,提出這種決斷也是得從經營戰力分析中開始計劃一連串的策定作業,並從作業中誘導「新的發現」。

　　此外,對企業將來可能引起的變化,應做事前的防衛,以走向安定、發展的道路中。辦事處也利用這個機會,在經營企劃上,設定經營的規模,並加以整理。

🔊 第五節　中長期經營計劃的誕生

一、人事異動、氣氛一新

　　經營上位者的決斷與指示事項到一個終了階段時,辦事處就可以此為「第幾次幾年的計劃案」。然後再度向經營者報告,並獲得經營會議或常務委員會的承認,而取得決定的流程。

　　經營者或經營會,確認這項計劃案後,就宣佈計劃案的認可,而命令實行。

　　經營者一下達實行的命令後,如何有效果的推進,這就成了「現場」的工作了。新計劃和過去 5 年、10 年相比,至少在革新或創造的挑戰方面,比過去稍強。因此,為了適應新計劃的實行,公司職員的意識、組織的構造、工作機能上也必定要有大幅度的革新。

　　這時在計劃策定的過程中和各事業部門上同時也要反映「知識、智慧」的要素。因此不妨趁此機會,將公司整體的組織革新,實行人事異動,共同為新計劃、新體制而努力,這時整個公司因為人事異動,必定呈現出一片新氣象。

　　除此之外，企業戰略適材適地的人事變動，如果在事先就做好準備，採用公正無私的配置產必將帶給公司新的局面和新的開始，對公司也有很大的幫助。

二、內外的發表

　　當一連串的流程完了之後，經營上位者就開始向內外發表公開了。

　　對公司內部而言，特別是在年初已發表，後來又重新修改而成最好的企業出路和目標，由於這個目標，全公司的職員氣象一新，必鼓舞了對將來的希望。

　　另一方面，對公司外部而言，向主要的銀行或來往的銀行報告後，也得向股東，主要客戶說明之，並尋求他們的瞭解與大力協助。

　　此外也須透過記者或報社機關等大眾媒體，公開發表，而尋求社會大眾的認同。

　　發表的內容則以中、長期的經營指標和收益規模為主體，並詳加考慮其影響，讓大家都能瞭解。

　　但企業太深入的狀況及內容的說明，就沒有公開發表的必要。

　　對連續處於業績不振的企業而言，如何達成新局面的目標，必須公佈給大眾知道。

　　這是因為公佈的話，可得到企業界良好的印象，而幫助他在技術上的開發，並可得到業績相乘的效果。

　　至於企業的戰略秘密，雖有公佈的義務，但其中的訣竅與秘密仍應保留，千萬不可讓同業的專家知道，而洩露了商情。

第六節　拉開經營計劃的序幕

一、帶動當期的預算編制

計劃實行的第一步，就是預算編制。

從全體的計劃中，提出今年度的計劃，並以此為基礎做為當年度或當期的預算編制。換句話說：預算編制就是當期的企業計劃。

在編制預算時，必須要注意「預算只是預算」，和刻意策定的中、長期經營計劃不同。每期的預算，如果抱著只是為了謀生的態度，必定對公司的經營沒有好處。

因此每期的預算，應以中、長期的計劃為目標去實現，此外，為了順應環境的快速變化，一年應修改計劃一次。

為了預防編制預算的弊害，而得到在中、長期計劃及實行編制預算的最大效果，在年間的行事曆上應有變通的方法以防止弊害，這是非常重要的。

二、再一次的整合性

在中、長期計劃的當期計劃預算實現時，千萬得注意，不要忘了事業部及各部門間的整合性。

這個整合性和審查會一樣，都具有同樣的要領，可能的話，還和中期計劃委員會的辦事處及預算編制的辦事處同一體，進行同樣的工作，如事先召開檢討會，並確認當期目標及政策等。

這時的基本資料就是中、長期經營的計劃表。下列就是這個計劃的說明：

1. 從中、長期經營計劃當中，確認和當期有關的利益目標，預定銷售額、投資與預算經費等等。

2. 確認必要的產品、服務的開發、投入計劃等是否如預期般地展開。

3. 在材料、製造上，事先探測是否有商品製造目標成本降低的可能。

4. 確認人員配置是否完成。

5. 掌握大型、小型的事情，市場的急速變化，特別是輸入、輸出業務方面，必須要看清匯率的變動，並設法尋求最好的對策。

其中，最重要的項目，若有「大變化」的徵兆出現時，必須轉移焦點，和開發、製造、銷售、管理間接地交換意見、情報，並商討對策來解決。

「看清明年不如先預測明日」。的確，就精準度而言，預測明日的精準度較高。

在此情況下，不得不變更政策的部份，因此在全體的同意之下，修正部份計劃，並列出預算，才是正確之道。

第七節　管理計劃——描繪初稿

一、改善不當的管理方式

做好中、長期經營計劃的期間預算後，就開始進入日常的業務，再來就是實踐當期的目標了。

研究、開發、製造、銷售、管理也不例外，均應以實現當期業績目標為基準，提出適合的方針。

在未來型的革新組織與機能上，因為有「行動派的集團」活動，因此將會和過去 5 年、10 年的方式不同。

於是預定和實績的差就出現了「月份」，一年必須做二次的決算來判定。

圖 6-7-1　中、長期經營計劃管理體系圖（例）

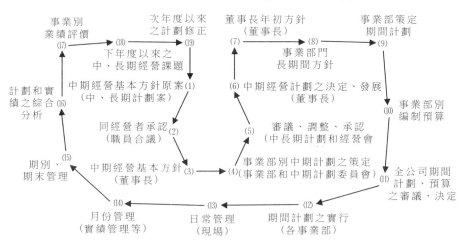

因此管理的第一步驟稱為「月次管理」，並把期間預算區別到每個月份上，而以月別預算實績來管理。

在月末統計時做出銷售額、費用、利益等之業績結果，並和預定的目標相比，究竟是上升或下降呢？確認這個結果後並分析其原因，而做翌月的研究對策，以免重蹈覆轍。

所謂的管理是指「發現錯誤立即改善更正，並有建設性地讓其發展」。

二、異常值若連續三次則成「正常值」

實績失常稱為「異常值」，這和在軌道上運轉的星球一次、兩次地脫離軌道的現象相同。但是若連續三次脫離軌道的話，這就不再是個異常值，而變成是新變化之「正常軌道」了。

因此，如果月別實績連續一、兩個月異常，這雖然不用驚慌，但若連續三個月以上都異常的話，就有問題了。到底是預定的方法有問題呢？或是業務之推進方法有錯誤呢？

分析的結果：可發現到，原因在於市場調查，也就是說對市場預測之判斷太過自信、或是沒有考慮到季節之需要、或是和其他廠商之商品力有所差別。但概括言之，這些皆是人為因素，亦即所謂的「人災」。

為什麼呢：市場預測的判斷者是人，而商品企劃設計、開發、製造販賣亦是有關於人之工作。

因此，管理是「人在自己之工作中，應常常檢討自己之過失，只要不要重蹈覆轍，即可精益求精地做得更好」。自我管理，這是第二管理方式。第三管理方式是從一年兩次的決算中，對下期之對策有萬

全之準備。

業績若已脫離正軌，在檢討之時便應採用「強烈戰略」。一方面，若商品、服務力明顯地轉弱，則應強化銷售力，並在製造上進行改良，而在人災之嚴酷事件中，則應在影響範圍內做徹底的調查，並提出對症下藥之方法。

這時必須修正一部份的中、長期計劃之兩年內的部份。但在計劃之變更上，不能逃避的事情，也僅限於經營環境有發生重大之變化時。對於每個月發生異常值而言，在中、長期計劃上亦不必全部地更改。一般而言，中、長期計劃之重新修改是一年一次，而在期末是最適當的。

總而言之，總合管理在事業部等的「現場」是按照日常管理、月次管理、期別管理，另一方面，中期經營計劃委員會或一般部門和大局相關連時，必須透過年間來實現未來的管理。

但中、長期經營計劃之策定並非只有一次，因為市場之結構每年都在變化，但定量或定性的方法卻是不變的。而先端技術亦在日積月累的發展，因此彼此仍是息息相關的。

為了對未來變化有所準備，別忘了在 5 年後、10 年後仍得在行動之管理上求進步。

第八節　企業經營計劃的自測表

說明：根據下表的問題，企業可對年度經營計劃管理做自測評價。

表 6-8-1　企業經營計劃的自測表

序號	問題	答案(可多選)
Q1	貴公司有年度經營計劃嗎？	□有　□無
Q2	貴公司年度經營計劃實施效果如何？	□很好　　□一般 □非常糟糕
Q3	貴公司編制年度經營計劃的流程是怎樣的？	□高層　　□高層+中層 □高層+中層+基層
Q4	貴公司年度經營計劃制訂是什麼時候開始的？	□頭年 10 月　□頭年 12 月 □1 月　□2 月
Q5	貴公司年度經營計劃制訂是什麼時候結束的？	□頭年 10 月　□頭年 12 月 □1 月　□2 月
Q6	貴公司是如何對外部經營環境進行分析的？	□憑感覺　□高層　□專門機構
Q7	貴公司是如何對內部經營狀況分析的？	□財務決算　　□業務總結 □年度述職
Q8	貴公司是如何對管理現狀進行評估的？	□客戶滿意度　□管理成熟度 □員工滿意度　□關鍵崗位適崗度
Q9	貴公司對競爭對手是如何分析的？	□不知道誰是競爭對手　□KSF □波特五力　□未做系統分析

續表

序號	問題	答案(可多選)
Q10	貴公司年度經營目標確定的依據是什麼？	□老闆指令　□高層對市場的判斷 □環境+現狀
Q11	貴公司年度經營目標確定是否合理？	□很合理，每年都達成 □基本合理，每年基本達成 □不合理，每年都達不成
Q12	貴公司年度經營目標是如何分解的？	□自上而下　□自下而上 □上下博弈結果
Q13	依據年度經營目標，貴公司業務計劃有那些？	□行銷　□研發　□供應鏈 □財務　□HR
Q14	貴公司是如何按照業務計劃配置資源的？	□資源投入預算　□一事一議 □無資源配置規劃
Q15	貴公司年度經營預算是如何做的？	□無經營預算　□財務主導 □業務主導
Q16	貴公司年度經營計劃實施平臺包括那些內容？	□組織　□流程 □培訓　□激勵
Q17	貴公司有那些年度目標糾偏機制？	□目標一旦確定，必須全力以赴 □N/(12-N)　□N/(4-N)
Q18	貴公司在年度經營過程中如何防範風險的？	□經營委員會　□經營檢討會 □老闆

第 7 章

製作經營計劃的方法

第一節　設定目標的方法

一、設定目標的重要性

　　中小企業的經營者，即使在面對經營上的大問題時，也經常憑經驗、直覺來決定所應採取的因應方法。訴諸於經驗、直覺的決定，對於往後還有補救可能的問題，自然較無妨礙。但是對於關乎企業存亡的問題，是無法單憑經驗、直覺的決定來獲得解決的。

　　例如銷售量一下降，經營者馬上心急如焚地考慮到：「不增加銷售量的話……」，但是與其只是漠然地考慮提升銷售量，倒不如明確把握銷售量下降的原因，訂立出應該如何對應的明晰目標。

　　換言之，如何使經營計劃順利推展，這種明確的目標設定，是非常重要的一個步驟。但是此時只靠經驗、直覺的判斷，是無法取得有效的手段，必須完整分析所應解決的問題點和原因，並且針對目標之

不同，選擇適用的合理手段。

二、目標應該以何為基準

對於需要緊急應變的課題，比較容易設定目標。但是長期的課題
也就是在競爭中求勝，甚至求得更高成就。這種課題該以什麼為基準
來設定目標，其重要性更是自不待言。

所謂的目標，可大分為完成基本計劃的基本目標，以及為了實施
計劃的個別目標兩種。在中小企業中，基本目標和個別目標多已成了
經營者必須學習的工作。但是依照個別目標所訂立的實施計劃，也常
可見由部門的負責人來訂立。

同時，目標也可區分為數值目標和非數值目標。例如在勞務計劃
中，訂立習得待客技術、習得商品知識的目標，就是非數值的目標。
一般而言，基本目標也是非數值的目標。

相對於此，財務數值便是數值目標中最顯著的目標基準。例如，
達到多少銷售額？達到幾成資本利益率？勞動分配率控制在幾個百
分點以內？等等都是。以財務數值以外的數值目標為例，上例的勞務
計劃中，平均一個人三個月，或是銷售計劃中預計佔有幾個百分比的
市場佔有率，這些就是數值目標。

基本目標可以依戰略的要因來掌握。我們常常可見所設定的基本
目標中，加入了商品結構的變更、業別的擴大、多角化、市場的擴大
等等內容，而所表現的方式，應該是明瞭易懂、一目了然的。例如甲
公司的情形，「為了普及本公司地道口味的西點，讓真正的西點達到
家喻戶曉的目的，所以三年內要設置三家商店」。而乙公司的情況，「收
益性明顯停滯了，因此要變更為利益為重的經營方針。而銷售量以一

年內提升 15%以上為目標，三年後成為名符其實的地區第一商店」。以這種明確易懂的表現方式，可讓所有員工確實理解，共同朝目標努力。

個別目標可以大分為經營三資源(人、物、財)的三大目標。

例如關於人的目標，是「採用新規定，三年內增加五名」、「採OJT(現場實地教育)的教育方式，負責現場三個月」、「勞動分配率控制在 40%以下」等。當然也有其他的特例，例如「不任用留鬍子的人」、「一年內讀 20 本以上的書」等。

關於物的目標，有「市場佔有率在 10%以上」「商品結構中的甲商品群，在三年內達到 50%」「將走高級化、專業化路線，在三年內調高主力商品價格為 1000 元」等。

關於財方面，主要是財務數值上的數字內容。例如「分五年償還借款，還清以後自有資本比率達到 40%以上」、「經常利益率 10%」、「為了商品週轉率能有 12 回轉(年)，庫存要經常控制在 200 萬元以內」等等例子。

總之，目標是確實的、有實施可能的，所以必須和基本方針、基本目標一致。為了使員工能夠徹底瞭解，要盡可能以簡單，而且易於理解的表現方式來設定目標。

三、決斷的三個階段

在經營上，各位對於明確作成目標、設定計劃方面，必須要有完全的理解。換句話說，訂立經營計劃，可說是很多大小的決斷，也就是一串串意思決定的連續。而合理的意思決定，必須經由三個階段來實行。

1.明確設定目標

此階段就是如前所述的,明確決定出必須完成什麼。例如針對「銷售量減少」課題,設定「銷售量增加」的目標,找出減少的原因,理出幾個解決對策。至於其他例如變更商品結構、提升待客技術、增加員工、改造商店等,也都是明確設定目標的例子。

2.預測方案的結果

想出各種方案之後,接下來若是能預測、檢討、改善實施這些方案的話,是否可以真正增加銷售量,或是銷售量雖然增加,經費也跟著增加,以及資金能否順利調度等。

3.篩選方案

根據檢討的結果,就可決定有增加銷售量的希望,並且可期待其效果的手段。但是這種方法,並不是絕對性的,畢竟預測本身不可能有 100%的準確度。此處一開始所陳述的,是只憑經驗和直覺的方式來考慮。但是話雖如此,分析課題、檢討改善對策再加以決定,若只是端賴經驗和直覺作成決定,從永續經營的觀點來看,這種方式的結果,將會有很大的出入。

相當於訂立經營計劃,設定必須完成的流程目標,其本身已經是一項計劃。如果決定時什麼都不準備,就彷彿過橋時不看橋而過一樣,而若是經由上述階段再來作決定,便可說是輕踏石橋而過。但是儘管過的是石橋,結果卻無法完全通過的話,便不是稱職的經營者。檢討各種方案,謹慎下決定,再大膽實行,是經營者最重要的任務。

以相對於「銷售量減少」的「增加銷售量」這個目標為例,一般來說,不是眼前的問題,而是對於企業將來該如何擴大所訂立的前程目標。此時以什麼為基準,設定目標到何種程度,這些都是值得關心的話題。

第二節　實施的手續和計劃

訂立計劃時，基本目標的設定已做了詳細敍述。相信各位對於基本計劃已有了大致的認識。不過必須瞭解的一點是，即使訂立出完善的基本計劃，若不將之付諸實行，就等於紙上談兵，毫無意義。因此針對基本計劃和實施計劃的種種主題，做以下說明。

一、明示基本計劃的重點項目

基本計劃中所欲達到的基本目標，其所表現的方式大多稍顯抽象，例如「銷售額達到五億元」、「五年內開設十家分店」等等的表現手法。我們必須從基本目標值中，設定銷售額、利益率、員工人數、商品結構等，並且考慮這些項目當中，何者為主要重點，並明示出包括優先順位的重點項目。

目標值中有許多希望達到的數值，但是不可能所有數值都能夠如期達成。因此，為了要達成銷售額的目標，該將重點擺於何處；藉由改變商品結構，增加兩倍主力商品的數目；或是增加五位人手傾力於外部銷售，此時必須清楚指示出有重點所在的項目。

二、於基本計劃中加入年實施目標

方針、目標和手段之間，有相當密切的關聯。而從實施計劃來看，基本計劃也可由目標來掌握。此時若想以目標使基本計劃更容易設定

的話,在每年初期時,就應該設定該達到什麼程度的目標,如此將會更容易實行。例如,每一年初的銷售額是 350000 千元。同樣的,實施計劃是包括銷售計劃、採購計劃、財務計劃這些部門的個別計劃在內的。所以,在訂立實施計劃時,除了設定銷售目標之外,也需設定其他部門的目標。特別是中小企業,其基本計劃和實施計劃是相當近似的。

也就是說,中小企業的經營者,除了是公司的負責人之外,也常兼任計劃立案者和實施責任者的身分,所以盡可能在實施計劃上加入年目標或實施目標,這樣實行起來將會更為順暢。

特別是年目標,無論如何要使年初期的目標具體化。若是在年初期便出師不利,往後很可能會演變成毫無意義的結果。

三、安排實施的負責人

不論何種組織,如果責任的劃分不明確的話,經常會導致不良的結果。基本計劃的前提,就是必須決定出誰是具體實行計劃的負責人。中小型零售店的員工較少,所以常見一個人兼任其他多項任務的情形,但是如果有銷售負責人、採購負責人、經理負責人時,就必須具體確認該由誰來負責那項計劃。

四、實施計劃盡可能時間表化

負責人決定之後,就要以基本計劃或是基本計劃中所欲完成的目標為本,盡可能趁早製作成實施計劃。並且在實施計劃中,清楚標示日期,使整份計劃呈現時間表化的形式。財務部門的預算負責人若是

未能完成統計數字，人員計劃也就無法具體化。而什麼計劃必須事先完成，在什麼時日之前完成等，有關先後次序及時間的安排，只好仰賴訂立一張時間表化的實施計劃。

依照實施計劃的優先順序和時間所訂立的計劃，往往容易形成失誤，所以必須分注意。

五、實施前所作的調整

由於為了避免所完成的計劃無法製作成個別計劃，所以負責人的理解與否，以及積極的通力合作與否，也就成了負責人所欲謀求的重點。因此應對的方法，就是必須分別告知個別計劃的負責人，對於其計劃的明確責任，以及賦予實際實行的許可權。

同時也不可忽視個人的感情。為了能夠有效地向前推動計劃，必須針對整體企業的發展，和個人心態的調整作一番說明，使其能夠更深入理解。

心得欄

第三節　經營計劃的製作流程

一、概要

　　首先須正確把握住自己公司以往的實績,並加以分析。外部經濟、景氣情形、業界動態、市場動態等等,對經營所可能引起的影響,也有加以預測或調查的必要。這些都是計劃的基礎。此外,凡有長期計劃的地方,尚須根據實績與預測,調整對今後長期計劃的修正。

二、實績的分析是計劃的基礎

　　這裏且來研究制訂計劃的幾項重要基礎。

　　1.為計劃而做決算

　　決算並不是為應付稅捐機關而作的。但是,實際上有許多公司的決算,都是為應付稅捐而作的。

　　本來,決算的目的是在於瞭解該期間的經營成果與期末的財政狀況,以便決定今後的方向或計劃等。核查經營成果的是損益計算,瞭解財政狀況的是資產負債表。

　　2.以真實的經營計算為根本

　　我們時常可以看到一些公司,為瞞騙稅捐機關而做假賬,以致真實的經營計算都無從把握。如此就失去正確計劃的基礎了。

　　決算文件(資產負債表、損益計算書、製造成本報告書、利益處分計算書)是每天根據交易事實,依會計原則的手續記錄,計算而總

結，再加經營者的判斷所作的。

　　這①所謂會計記錄之事實；②會計手續；③經營者的判斷，就是決算的三因素。而這決算，無論就經營計劃的結果或是經營預算的結果來說，才是真正的決算。但事實上，有許多公司卻把決算的工作，任由會計師或是會計部經理去做。殊不知決算的事，沒有經營者的判斷，即不能成為決算。不過，在錯誤的判斷下，授意作逃稅行為的經營者，其對決算雖有判斷，卻稱不上是正當的決算。

　　為逃避稅款而經營的人，是一種愚蠢的人。但事實上，因逃稅而被稅務局發覺後，才醒悟過來的人似乎也有很多。設法節稅是應有的措施，逃稅就不應該了。逃稅的事，不僅行為觸法，還要使本身經營失去本來面目，而且也做不好真正的決算，更做不出正確的經營計劃。大凡這種公司，都不會有什麼好計劃，甚至還設有兩套賬簿、三套賬簿，或是二套計劃、三套計劃等。

3.決算、經營分析與計劃之結合

　　有些人開口便說「我們公司……」。這類對自己的經營懷抱過大信心的人，最喜歡說些過當的話。但事實上有許多公司，都因借款過大病、赤字病、總資本肥大症等，陸續不斷的離開這個人間。若說決算是永生的經營體，那麼我們可以說，經營分析就是企業經營的徹底檢查。

　　故此，無論從健康檢查方面來說，或是從節稅政策來說，經營分析都是必要的事情。再就開拓經營的前程或是奠定計劃的基礎來說，也是不可或缺的事情。

　　甲公司曾於過去十年間，連續做了經營分析比較，以此經營分析比較，制訂了五年為期的長期計劃，後即根據這種長期計劃推進年計劃，因而達成內容極為充實的飛躍發展。另一家乙公司則以圖表分析

比較計劃與實績，適時推出對策，徹底實施他的圖表管理法，因而收到非凡的成果，不僅被表揚為模範工廠，更被指定為工業標準規格的工廠。

照一般標準來說，自決算而經營分析，是制訂計劃的次序。如圖7-3-1 所示。

圖 7-3-1　經營計劃制定次序

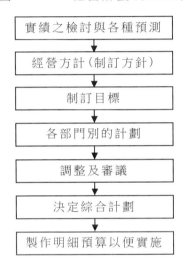

年計劃的結果就是決算的實績，決算的實績就是事業經營的一個里程碑，也是一個段落。因此，決算、經營分析而後，經營體就必須決定次一政策或是計劃。

根據經營分析所作的政策或計劃，既有科學的根據，又有堅強信念的支持。因此，其所具有的強烈的說服力，實非一般任意的計劃所可比擬。從另一方面來說，企業體內所帶有的種種病症與病源，若不經過一番經營分析，也是無法查明的。

依照此一次序，運用正確的決算數字，實施經營分析，力求加強

明日的企業體質與抵抗力，推出萬全的對策與計劃。這就是今日經營的最重要課題。今天的企業體質的徹底合理化，就是明天飛躍發展的基礎！

圖 7-3-2　年計劃的結果是決算的實績

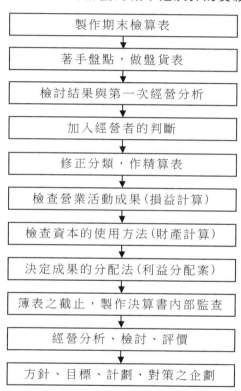

製作期末檢算表

著手盤點，做盤貨表

檢討結果與第一次經營分析

加入經營者的判斷

修正分類，作精算表

檢查營業活動成果（損益計算）

檢查資本的使用方法（財產計算）

決定成果的分配法（利益分配案）

簿表之截止，製作決算書內部監查

經營分析、檢討、評價

方針、目標、計劃、對策之企劃

三、標準的次序與日程

　　每家公司所定的次序與日程都是千差萬別，絕不會有相同的。不過，這也只是細節而已。若就這大綱要來說，絕不會有根本上的差異

的。

　　這裏將限於敍述比較標準的次序，以及其所需要的日程。現在請
參看表 7-3-1。這並不是一般中小企業所普遍使用的。這只是根據經
驗所制訂的標準次序與日程而已，希望大家能拿來做個參考。

表 7-3-1　制訂年計劃的標準次序與日程表

次序	計劃項目	制訂者	制訂所需日數
1	實績檢討與各種預測	由各關係者向總經理報告	10〜20 日
2	經營方針	總經理或是董事會	10〜20 日
3	目標	同上	同上或並行
4	各部門計劃	根據 1、2、3 的情形，由各部門負責人制訂。	10〜20 日
5	明細預算	根據 4 之情形，由各部門（會計或企劃）計劃。	10〜20 日

　　註：須時 40〜80 日之久，因此，須於新事業年開始前，3 個月或是 2 個月
前著手準備。

四、擬案、審議、決定的方法

　　計劃的擬案、審議、決定等，假如是小企業，可以由總經理一手
包辦都無妨。不過，即使是小企業，也有多達 10〜100 人前後的。凡
是人員較多的小企業，擬案與審議等事情，可邀同幹部參加，最後的
決定，則應由總經理自己來決定。

　　假如是中企業的話，那麼，擬案可由幕僚負責，審議交由系列負
責人主持，決定則可採用會議制度（但最後決定則應由總經理決定）。
方法要逐漸的較為複雜起來，這是一般的情形。

　　這裏有一項事情，必須小心注意的，即假如變成幕僚專制（好比企劃室、總經理室或是會計部等，過於獨行獨斷）時，在實施過程中，必然會節外生枝。這是我們必須注意的地方。為要防範這種情形，在制訂過程中，必須邀請系列負責人參加，俾便建立眾志一心的工作姿態，以團結全公司所有的力量。

心得欄

- -

- -

- -

- -

- -

第 *8* 章

樹立基礎性經營體制之方法

🔊 第一節　提高利益之「計劃經營」法

一、計劃經營之著眼點

推行強化計劃經營體制的公司，在不景氣的情況下，亦大大地奮戰了一番。然而也有例外的，有些公司雖說也做了計劃經營，卻以看總經理唱獨角戲的態度，只是將上級交下來的計劃，姑且敷衍而已。

如果計劃能為公司之所有員工徹底地瞭解，而成為每一個人本身之計劃，則計劃經營方能開花結果。

若以利益為中心，藉多數人之參與，訂定計劃，而加以實施，並在實施過程上加以精密的審核追蹤，然後對實施之成果，確實地加以評價，最後對於評價結果，給予適當的獎賞，則計劃經營將會攫取相當大的成果。

因此，在營運計劃經營上，作為入著眼點或作為其成果者，大約

有如下之幾點。

①對員工特別是主管人員能夠使其責任體制明確化。

②能夠明確地把握經營上之問題所在。

③能夠準備早一點訂出對策之體制。

④能夠使整個經營、部門別及個人別業績評價更科學化。

⑤計數管理能徹底化。

⑥授權制度明確而簡易化。

二、年計劃要與長期計劃配套

有一家規模頗大的貿易公司──M公司，發生了一件令人笑不出來的事。在1973年(發生石油衝擊那年的)年底，某講習會團體在百忙中開辦了計劃經營講習會。

在會中，以親身經歷認為，遇到這樣的時候，應該沈著不慌，堅定信念，訂定長期戰略，有計劃的經營下去，才是最重要的。會中並介紹了S公司之事例，該公司在三年內把員上之薪水增加到兩倍，人員數減少了20%，附加價值提高到2倍。

從那時起經過一年後，於1974年底，M公司總經理突然打了一通電話。他說：

「本人曾於去年年底參加您的講習會……。

學習S公司之事例，本人在今年年初發表年初方針中，我保證在三年內把員工之薪水提高到兩倍。

老實說，依據此，在今年年底支付獎金後，員工仍提出抱怨，因而覺得極為棘手……。所以想拜訪並請教您究竟怎麼辦才好。」

感到對此事應負責任，於是就決定立即跟M公司之總經理會面。

據他的說明，M 公司設定了年經營計劃，但其內容只有銷售額計劃而已。利益計劃及詳細的成本計劃，幾乎都沒有做。模仿松下電器公司每年都在年初做盛大之年初方針發表會，故 M 公司幾年以來都於新年工作之初，由總經理發表對該年之預測或想法。

在聽了他的說明後，回答他：

「總經理先生，坦白地說，貴公司實在太輕率了。

今後不景氣會更趨嚴重，尚且這次不景氣可能不會在兩三年之內復蘇。請召集員工，並對他們說這是我的考慮欠週詳，真抱歉。您認為如何？並且，首先下決心設定包括利益分配製等之年計劃，然後發表該計劃，不知您的意見如何？並且在經營所許可之範圍內提高薪水。至於其具體的計劃，亦要聽取大家的意見來設定，然後重新綜合檢討公司到底在幾年內可把員工薪水提高到兩倍，並明確地訂定長期目標。我認為這樣做比較好。」

他說：「我完全瞭解你的意思了。但是總經理一旦發表的，而且在年初方針上保證的，不能輕易失信。這是有關做總經理之權威與面子的問題啊，我仍按照所說的，在三年內增加一倍的薪水。今年的不景氣已造成如此情勢，所以兩年後無論如何要達成這個保證。因此希望現在能訂出兩年後增加一倍薪水之計劃，來向大家發表。

「有道理。然而總經理先生，兩年後若不能實現時又怎麼辦？如總經理先生所說地承接下來是輕而易舉的。不過計劃是為了實際能使其實現的，而且應配合貴公司之實況，而另訂出的。假定我是總經理，我就會勇敢地認錯，然後重新努力。就現狀來看，我認為更增加一倍薪水，恐怕需要七、八年。」

像這樣地繼續了約一小時的談話，這位 M 公司之總經理總算同意建議。

去年這位 M 公司之總經理，打電話來說：

「當時還是照先生所說的方法去做較好。目前千方百計地邊模仿邊實施年計劃。也許要請您幫忙指導……」。

從企業實狀來講，先確使實踐年計劃之經營力鞏固起來後，再訂定長期計劃，才是最有效的做法。像 M 公司這種未訂年計劃之企業，只因為一時之構想，就突然地，性急地發表長期計劃，是極為危險的。

確認年計劃之實行力，並使之與年計劃配合，來訂定長期計劃才是最妥當的。

三、年計劃與長期計劃之相異點

長期計劃比起年計劃來，具有經營指標的特性。長期計劃之特徵在於以下各點：

⑴明示公司未來應走之方向。

⑵整理對未來之展望。

⑶公司需實現之未來指標。

⑷表明對將來之經營想法與態度。

⑸隨狀況變化而變更修正者。

⑹是年計劃之基礎者。

對此，年計劃是必須實現之計劃，亦為部門及個人之業績評價尺標。長期計劃大都是保持機動性地修正，而年計劃，若沒有特別的原因，是不需修正的。

一個進步的企業，其年計劃完全是業績評價之尺標，所以半途變更該尺標，是不妥當的。

經營計劃是今後如何經營之具體工具。今天經營狀態的好或壞，

到底只是以往之經營結果。所以現在之經營狀態不佳亦不必悲觀,相反地,經營若順利亦不可太樂觀。問題在於今後應如何經營。若公司之高層經理人每天只是忙於調度,而其員工又擔心於五年後之將來,則這樣的經營絕不會成功。因此,高層經理人要標示公司將來之展望、努力目標、長期計劃等,以使員工能看出對將來之希望。並且把它當做藉全體員工之努力來實施之手冊,這就是年計劃。必須透過這個年計劃,擴大員工之參與體制,確立各部門與各個員工對業績之責任體制及自主管理體制。

四、年計劃之擬定法

1. 年計劃之擬定順序(步驟)

實際上,因各個公司之實況不同,年計劃之擬定法,也有很大的差別。

表 8-1-1　Q 公司之年計劃擬定順序

順序	項目	負責人	參加者	所需天數
1	實績檢討與預測	由各部門主管向總經理報告	各部門之全體員工	新年開始之 2 個月前
2	經營方針	同左	各部門主管以上人員	同左
3	經營之綜合目標	透過經營會議,最後由總經理決定。	各部門主管及各部門幹部以上	自 1 起 10 天後
4	各部門之目標與計劃	根據 1、2、3 各部門主管	各部門全體員工	自 2、3 起 20 天後
5	明細預算	根據 4 財務部經理	科目別地決定全員之個人別實施之負責人	自 4 起 20 天後

2.年計劃之立案→審議→調整→決定→公佈等之做法

　　如表 8-1-1 之例可明白，計劃立案基礎之方針及綜合目標，當
然須由高層經理人（最高階層）來標示。根據它，在各部門，儘量讓更
多的人參與之下，訂下具體的實行計劃案，在部門內加以充分的檢
討，然後由各部門提出於財務部或企劃室做綜合地整理。並且，各部
門所提出者，由負責整理的人加以調整，提出於「經營會議」等之會
議，經過檢討、審議、調整或修正，最後由總經理決定。已經決定者，
有關整個公司之事項，由總經理公佈，有關各部門或各小組者，則由
各部門主管或各小組負責人來公佈。公佈方法雖有很多種，但最好還
是聚集全體員工，召開年計劃發表大會。然後，進一步地由各部門或
各小組開發表會，以期徹底實施。

五、年計劃須包括之事項

　　年計劃應包括那些項目，亦因業種或公司之實況，而有頗大之差
別。不過，可將各公司都共同之專案列舉如下：

　　1.年經營方針──明示公司之年經營之基本想法。

　　2.年綜合目標──①全公司目標（基本目標）、②部門目標、個人
別目標。

　　3.綜合計劃──①利益計劃、②利益分配計劃、③損益計劃、④
資本計劃、⑤資產、資本計劃等。

　　4.各部門執行計劃──①部門利益計劃、②部門別合算計劃、③
銷售計劃（銷售額計劃銷售費計劃、銷售促進計劃、銷售員培育計劃、
廣告宣傳計劃等）、④財務計劃、⑤生產計劃（生產額計劃、產品計劃、
製造成本計劃、提高生產力計劃、設備計劃等）、⑥人事計劃（公司活

動計劃、人員計劃、人工費計劃、組織計劃、教育計劃勞資協調會計
劃等）。

5.特別計劃——①研究開發計劃、②合併系列計劃、③廣告宣傳
計劃、④拓展國外計劃等。

第二節　年計劃與個人別業績責任制度之關係

一、各部門別的工作計劃

部門年度計劃是以實施計劃的形態，加以具體化實行的。而在每
個年，或是長期計劃的時期來臨的階段，就必須好好檢討實行後所得
的結果。若是可能，最好在每個年檢討其達成度和問題點，在各項個
別的實施計劃階段中，好好檢討為何無法達成的理由，徹底掌握住真
正的原因所在。

若是一進行這種反省，下期的年度計劃也可能會得到相同的結
果。所以為了順利訂立下期的計劃，就必須事先徹底的評估、分析、
檢討這回的計劃內容。

為了能夠達成目標，必須盡可能付出努力來實行基本計劃，但絕
對不是完全不動、不可變更的。在實行階段中，若發現年計劃有所不
盡合理之處，不妨將達成年延長 1～2 年。

而在達成個別計劃方面有困難時，例如已完成人員計劃，然而卻
無法招募適用的人員時等，就必須修正一部份的基本計劃。當個別計
劃的一個部門發生致命的問題時，不僅需要解決部門內的問題，最重

要的是和整體的關聯，特別是和基本計劃的關係，不能有所矛盾產生，否則整個經營計劃就成了毫無意義的舉動了。

　　經營，是以計劃→實行→反省的流程來施行的，不過若將此置換為反省→計劃→實行，也具有相同意義。也就是說，反省若非與計劃密切聯繫，就無法成為永續經營的事業。因此，與其以這個經營管理的三要素作為流程，不如以這三個要素的循環來表示比較實在。

二、部門別的責任

　　若要徹底實施年計劃，則部門別或小組別業績評價制度、或者個人別業績責任制度等，都是不可或缺的。

　　在中小企業，若人員、銷售商品及營業所增多時，為要使計劃經營導出真正的成果，亦須要確立業績評價制度。如今很多企業普遍採用的有所謂之事業部制、部門別合算制。此制度是將公司中的各部門當做是一個單獨公司之形式，來追求各部門之合算性之制度。然而，真正影響企業之業績者，乃是公司裏之員工的想法、態度、能力、行動等，總而言之是在於每個人如何去負起責任。因此，最後還是要確立個人別責任體制。

　　所有計劃都應依月別→部門別等來細分化，當要實施這些預算時，會碰到由誰負責的問題。因此，若不採行個人別責任制，則實現時總會有困難。銷售額也好，利益也好、各種經費也好，對實際實施的員工，依科目別地決定實施負責人，並決定管理它之管理人員，所有計劃必須期待其有徹底的事前管理。又需對於已被實施者，給予適當的評價與審核。從我們的經驗來講，對於實施→審核→對策等過程，應召集計劃之管理負責人，即指各部門首長以上之實施指導人，

每月開「經營會議」、「計劃推行會議」、或「預算管理委員會議」等，加以詳細地檢討才有效果。各部門間之業績評價與實施負責人制之個人別責任體制，應儘量委任於各部門負責人，使部門負責人負起責任，這樣才能強化自主管理體制，如此才能獲得良好之效果。

表 8-2-1　Q 公司之經營會議議事錄之例子

第　　次經營會議	地點： 　　　月　　　日　　　時起　　　時止		
出席者			
議題	1. 至上月止之實績之各部門別檢討與評價　　　　（　　分鐘） 2. 各部門別到現在為止之問題檢討　　　　　　　（　　分鐘） 3. 本月及下月份之計劃推行對策　　　　　　　　（　　分鐘） 4. 各部門提出之提案　　　　　　　　　　　　　（　　分鐘） 5. 其他　　　　　　　　　　　　　　　　　　　（　　分鐘） 6. 結論　　　　　　　　　　　　　　　　　　　（　　分鐘）		
提案	審核報告之摘要	對策‧決定事項‧保留事項	負責人
1			
2			
3			
4			

　　表 8-2-1 所列示的是，Q 公司為推行年計劃所運用之經營會議之議事錄一例。有關計劃之各部門別實績資料或次月以後之計劃，及各種對策之資料等均要預先分發給有關人員，會議中並按議題之種類，將參加者之發言時間詳加安排。會議之第一目的在於對到上個月止之實績評價，第二目的在於為週全地實施本月及下月計劃而做之各種對策之決定。Q 公司對到上月止之實績檢討，只使用全部會議時間之四分之一左右，而把重點放在下月的對策上。

第 9 章

公司業績責任體制的擬定法

📢 第一節　公司整體之綜合利益計劃擬定法

　　利益計劃本來是應依照年經營方針或年經營目標來擬定,但是,公司整體之利益計劃,如依照以下方法來擬定則更好:

　　1. 須實施競爭對手公司之利益動向調查等,並期望能擬出比它更好之計劃。

　　2. 需分析自己公司過去利益實績,並期望能刷新過去的記錄。

　　3. 需期望能擬定出對總資本(資產負債表上之負債與資本之合計額)能獲取每年 8%以上之稅前純益計劃。若只能獲取較低比率時,則必須認識減低資產或資本才是計劃之主要著眼點。

　　4. 需期望每位員工之年 60 萬日圓以上之稅前純益計劃。

　　5. 需期望能超過必要利益分配額之稅前純益計劃。此時之必要利益,由以下算式即可求出。

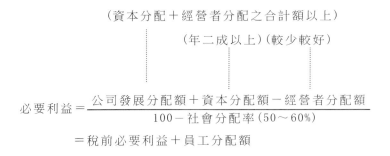

$$必要利益 = \frac{公司發展分配額 + 資本分配額 - 經營者分配額}{100 - 社會分配率(50～60\%)}$$

$$= 稅前必要利益 + 員工分配額$$

6.綜合地檢討以上所述之①～⑤項，並於各會議中加以審核，最後由總經理決定。

🔊 第二節　年度綜合計劃擬定法

並不是從銷售額減去成本就等於純利益。而是為完成必要利益計劃，才要支付必要成本，又為供應必要利益及必要成本，所以才要計劃銷售額。以下概括地敍述根據這個觀點之年綜合計劃擬定法。

一、首先要擬定利益分配計劃

擬定利益計劃後，再依照表 9-2-1 之計劃表來分配利益，這是首先要做的。這個計劃之實施責任，大部份落在以總經理為中心之董監事們身上。

表 9-2-1　利益分配實績之分析與計劃表之例

金額單位：千日圓

項目 ＼ 年	三年前實績	二年前實績	去年實績	1977 年之計劃	1977 年之實績	負責人
1. 前期轉入之利益						財務部經理
2. 當期稅期純益						總經理
3. 應付稅捐						財務部經理
4. 當期未分配盈餘						同上
5. 外部支出　⑴股利						董事會
（股利率）						同上
⑵董監事酬勞金						同上
合計						
6. 內部保留盈餘　⑴法定公積金						董事會
⑵特別公積金						同上
合計						
7. 轉入下期之利益						董事會
8. 分發給員工之決算獎金						經營會議
9. 折舊費						總經理
10.實質利益（2＋8＋9）						同上

二、綜合損益計劃之擬定法

接著使用表 9-2-2，擬定粗略之年綜合損益計劃。此時，應徹底以表中⑧之稅前純益計劃為基礎，必須先確保它而後計劃各項目，這是很重要的。藉此，除可明白⑤營業利益、③銷售毛利之年計劃外，

亦可設定⑦營業外費用、④一般管理銷售費用、②銷售成本等之成本項目之概略計劃，進而亦必可設定①銷售額計劃。

表 9-2-2　綜合損益分析與計劃表之例

金額單位：千日圓

在下列欄內記錄金額，在下半欄記入結構比率

主要科目	3 年前實績	2 年前實績	去年實績	1977 年計劃	1977 年實績	負責人
①銷售額						銷售部經理
	100%	100%	100%	100%	100%	
②銷售成本						生產部經理銷售部經理
	%	%	%	%	%	
③銷售毛利（①－②）						同上
	%	%	%	%	%	
④一般管理銷售費						銷售部經理財務部經理總務部經理
	%	%	%	%	%	
⑤營業利益（③－④）						同上
	%	%	%	%	%	
⑥營業外利益						財務部經理
	%	%	%	%	%	
⑦營業外費用						同上
	%	%	%	%	%	
⑧稅前利益或經常利益（⑤＋⑥－⑦）						總經理
	%	%	%	%	%	
⑨應付稅捐						財務部經理
	%	%	%	%	%	
⑩特別損益						總經理
	%	%	%	%	%	
⑪當期純益（⑧－⑨±⑩）						同上
	%	%	%	%	%	

　　此外，亦要由總資本週轉率(銷售額/總資本)方面、競爭對手之市場佔有率方面、附加價值(以必要之附加價值率除年必要附加價值額者)方面，好好地檢討，然後設定銷售額。

　　若在礦工業或建設業等，尚須同時決定②銷售成本中製造成本或工程成本的明細計劃。

三、省成本化之重點科目計劃擬定法

　　省成本化是達成利益計劃之有力武器，須採取科目別的精細責任體制，所以預先綜合地決定其重點項目是極為重要的。表 9-2-3 所列示者，可以很清楚的看出。

表 9-2-3　省成本化之分析與重點成本計劃表之例

金額單位：千日圓
在下列欄內記錄金額，在下半欄記入結構比率

主要科目		3年前實績	2年前實績	去年實績	1977年計劃	1977年實績	負責人
1.外部支出	原材料費、補助材料費、外包費、動力費等						生產部經理
		%	%	%	%	%	
	勞務費						同上
		%	%	%	%	%	
	折舊費：修繕費；保險費						同上
		%	%	%	%	%	
	其他製造費用						同上
		%	%	%	%	%	
	合計						同上
		%	%	%	%	%	

續表

2. 管理銷售成本	銷售人工費						銷售部經理
		%	%	%	%	%	
	交際費：交通費等之銷售費用						銷售部經理
		%	%	%	%	%	
	管理人工費						總務部經理
		%	%	%	%	%	
	管理費用						總務部經理 財務部經理
		%	%	%	%	%	
	支付利息折扣費						財務部經理
		%	%	%	%	%	
	合計						財務部經理
		%	%	%	%	%	
3. 總成本							各部經理
		100%	100%	100%	100%	100%	

　　註：此表格是相當於表 9-2 各成本之明細者。如果做過去三年之分析，看其趨勢，則必可知那一成本增加最多。要先明確地把握它，那樣做就可以找出成本計劃之重點科目。

四、資本與資產計劃之擬定法

　　為提高業績，期望以較少數人及較少資本，來獲取較大成果，這是不變之原則。為此，就有必要預先明確地擬定事業所需要之資產營運計劃。不可因一時的衝動增加固定資產及流動資產，而是需要有計劃地運用，否則會變成總資產肥大症，有時雖然是正確地在實施損益方面之計劃，但是仍可能發生資金、財務方面之問題。

　　尤其對損益狀態不好的公司、近幾年來出現累積赤字的公司、做

　　過大設備投資的公司、銷售或回收呆滯的公司等，要以資產之效率化計劃最為重要，有時候拔根式的省資產計劃就不得不成為綜合計劃之中心了。

　　讓我們活用表 9-2-4 之資產計劃，來組合年末或年內平均之資產看看。能夠的話，最好計劃年末者，而不要計劃年內平均者。

表 9-2-4　資產分析及計劃表之例

在空白欄填各科目記錄金額，在%欄記入結構比率　　金額單位：千日圓

主要科目		3 年前實績	2 年前實績	去年實績	1977 年計劃	1977 年實績	負責人
流動資產	現金						會計課長
		%	%	%	%	%	
	銀行存款						財務部經理
		%	%	%	%	%	
	應收票據						財務部經理
		%	%	%	%	%	
	應收帳款						銷售部經理
		%	%	%	%	%	
	存貨						銷售部經理 生產部經理
		%	%	%	%	%	
	其他雜項資產						財務部經理
		%	%	%	%	%	
	合計						財務部經理
		%	%	%	%	%	
固定資產	土地						董事會
		%	%	%	%	%	
	建築物						董事會
		%	%	%	%	%	

續表

固定資產	構築物						董事會
		%	%	%	%	%	
	機械						董事會
		%	%	%	%	%	
	器工具備品						總經理
		%	%	%	%	%	
	運輸設備						總務部經理
		%	%	%	%	%	
	合計						總經理
		%	%	%	%	%	
遞延資產							總經理
		%	%	%	%	%	
總資產							總經理
		100%	100%	100%	100%	100%	

表 9-2-5　資本分析與計劃表之例

在空白欄填寫記錄金額，在%欄記入結構比率　　　金額單位：千日圓

資本科目		3年前實績	2年前實績	去年實績	1977年計劃	1977年實績	負責人
他人資本	應付票據						財務部經理
		%		%	%	%	
	應付帳款						財務部經理
		%		%	%	%	
	短期借款						總經理
		%		%	%	%	
	應付稅捐						總經理
		%		%	%	%	

續表

	其他							財務部經理
		%			%	%	%	
	合計							財務部經理
		%			%	%	%	
他人資本	固定負債							總經理
		%			%	%	%	
	抵押金							董事會
		%			%	%	%	
	合計							總經理
		%			%	%	%	
	實收資本金							董事會
		%			%	%	%	
	內部保留盈餘	法定公積金						董事會
			%		%	%	%	
		特別公積金						董事會
			%		%	%	%	
		合計						董事會
自有資本			%		%	%	%	
	前期轉入之利益							董事會
		%			%	%	%	
	當期利益							總經理
		%			%	%	%	
	合計							總經理
		%			%	%	%	
	總資本							總經理
		100%			100%	100%	100%	

此外,伴隨資產營運計劃之必要資本計劃,依照表 9-2-5 來擬定即可。此時,將在表 9-2-2 之⑧的稅前純益,分解成載於表 9-2-5 之流動資產中之應付稅捐與自有資本中之當期利益(稅後)、且必須使合計額與表 9-2-2 之計劃一致(符合)。使能提高自有資本比率,並降低對他人資本之依靠度地加以計劃才是重要的。

📢)) 第三節　負責人之月別綜合計劃擬定法

一、月別銷售額計劃之擬定法

如以上擬定年計劃後,必須依照科目別、項目別決定負責人,並使負責人對其範圍負責。又大範圍負責人要進一步地擬定明細科目、明細項目交付下層負責人,自己負起管理責任,使能樹立依實行負責人之計劃推行體制。

以表 9-2-2 之形式擬定年內綜合損益計劃之後,必須再明細化為月別計劃或部門別計劃,作為實施預算,關於部門別計劃會在後面敍述,故在此只敍述月別之明細計劃擬定法。

為了按月計劃年內銷售額,首先必須以表 9-3-1 之形式,分析過去 3～5 年之月別銷售額實績,找出各月之季節變動(正確地說是月別結構比率)。並且依照次年之銷售預測或銷售促進政策等,對此季節變動加以修正如表 9-3-2。再將修正月別結構比率乘於年銷售額計劃,則可訂出頗近於實情的各月別銷售額計劃。表 9-3-2 之各月別銷售計劃額,也就是將修正月構成比率乘於年間銷售額 12 億日圓而算出之例子。

表 9-3-1　依過去三年之銷售實績之季節變動分析之例

單位：百萬日圓

項目 月別	第1年 實　績	第2年 實　績	第3年 實　績	3年實績 之合計	三年實績之 月別結構比率
1 月	168.5	154.0	180.0	502.5	7.5%
2 月	157.5	143.5	168.0	469.0	7%
3 月	219.6	189.9	213.6	623.1	9.3%
4 月	192.2	185.7	218.4	596.3	8.9%
5 月	142.2	173.1	187.2	502.5	7.5%
6 月	199.6	194.1	216.0	609.7	9.1%
7 月	214.8	189.9	218.4	623.1	9.3%
8 月	148.9	154.0	172.8	475.7	7.1%
9 月	142.0	160.4	180.0	482.4	7.2%
10 月	208.4	177.2	204.0	589.6	8.8%
11 月	185.9	177.2	206.4	569.5	8.5%
12 月	210.4	211.0	235.2	656.6	9.8%
合計	2190	2110	2400	6700	100%

表 9-3-2　依修正月別結構比率之月別銷售額計劃之例

項目 月別	3年實績月別 結構比率	修正之月別 結構比率	依修正比率之 月別銷售額計劃
年合計	100%	100%	12 億日圓
1 月	7.5%	8%	96 百萬日圓
2 月	7%	7%	84 百萬日圓
3 月	9.3%	9%	108 百萬日圓
4 月	8.9%	9%	108 百萬日圓
5 月	7.5%	8%	96 百萬日圓
6 月	9.1%	9%	108 百萬日圓
7 月	9.3%	9.5%	114 百萬日圓
8 月	7.1%	7%	84 百萬日圓
9 月	7.2%	7%	84 百萬日圓
10 月	8.8%	9%	108 百萬日圓
11 月	8.5%	8.5%	102 百萬日圓
12 月	9.8%	9%	108 百萬日圓

二、月別綜合損益計劃之擬定法

　　像這樣擬出月別銷售額計劃後,就要擬定月別綜合損益計劃,而各成本、各科目中,隨著銷售額之變動而變動的變動費用,依對每月銷售額之一定比率政策,分攤即可。然而,對於以人工費為先的銷售額變動時,若仍如每月固定支出的所謂固定費用,以對銷售額之比率分攤,則並不恰當。有必要把可將年間合計額單純地除以十二個月之科目及必須按月配合實狀來用金額計劃之科目分開,並非以比率而以全額計劃。表 9-3-3 所列示的即是月別綜合損益計劃表格式。

三、月別綜合製造成本計劃之擬定法

　　以表 9-3-3 之形式擬定了月別綜合損益計劃表後,必須再擬定銷售成本明細計劃的產品庫存計劃、礦工業之製造成本計劃及土木建設業之工程成本計劃。在此,將為擬定製造成本之計劃單表示於表 9-3-3。

表 9-3-3　月別綜合損益計劃表之例

單位：千日圓

科目＼摘要		管理負責人	實行負責人	計劃基準	年合計	1月	
1. 銷售額		銷售部經理	各銷售課所長	月別結構比率法	計		
					實		
					%		
2. 銷售成本		銷售部經理生產部經理	各內擔任者	對銷售額比率法	計		
					實		
					%		
3. 銷售毛利(1－2)		同上	各部內擔任者	對銷售額比率法	計		
					實		
					%		
4. 一般管理銷售費用	① 董監事酬勞	總經理	各董監事	固定金額分攤法	計		
					實		
					%		
	② 薪資	總務部經理	各擔任者	固定金額分攤法	計		
					實		
					%		
	③ 獎金	總經理	各擔任者	固定金額分攤法	計		
					實		
					%		
	④ 福利金	總務部經理	各擔任者	固定金額分攤法	計		
					實		
					%		
	⑤ 運費	業務課長	各擔任者	對銷售額比率法	計		
					實		
					%		
	⑥ 交際費	銷售部經理	各擔任者	股別分攤法	計		
					實		
					%		
	⑦ 交通費	各擔任之經理	各擔任者	固定金額分攤法	計		
					實		
					%		

續表

項目							
⑧郵電費	同上	各擔任者	對銷售額比率法	計			
				實			
				%			
⑨水電費	總務課長	各擔任者	對銷售額比率法	計			
				實			
				%			
⑩車輛燃料費	總務課長	各擔任者	對銷售額比率法	計			
				實			
				%			
⑪土地房租費	總務課長	各擔任者	固定金額估價法	計			
				實			
				%			
⑫折舊費	財務部經理	各擔任者	固定金額估價法	計			
				實			
				%			
⑬其他	各擔任之經理	各擔任者	依各科目而有所不同	計			
				實			
				%			
①+②+③……+⑬				計			
				實			
				%			
5.營業利益(3-4)	各擔任之經理	各擔任者	依銷售額比率法	計			
				實			
				%			
6.營業外收益	財務部經理	各擔任者	依銷售額比率法	計			
				實			
				%			
7.營業外費用	財務部經理	各擔任者	依銷售額比率法	計			
				實			
				%			
8.稅前純益(5+6-7)	總經理	各擔任者經理	依利益計劃	計			
				實			
				%			

表 9-3-4　月別製造成本計劃表之例

金額單位：千日圓

科目	摘要	管理負責人	實行負責人	計劃基準	年末	1月	2月
1.材料費	(1) 月初材料存貨	生產部經理	採購股長	對生產額比率法	計實%		
	(2) 當月中材料採購額	生產部經理	採購股長	對生產額比率法	計實%		
	(3) 月末材料存貨	生產部經理	採購股長	對生產額比率法	計實%		
(1)+(2)+(3)		生產部經理	採購股長	對銷售額比率法	計實%		
2. 外包費		生產管理譚長	外包擔任者	對銷售額比率法	計實%		
3.勞務費	(1) 工資‧薪水	生產部經理	事務股長	固定金額分攤法	計實%		
	(2) 獎金	生產部經理	事務股長	固定金額分攤法	計實%		
	(3) 福利金	生產部經理	事務股長	固定金額分攤法	計實%		
	(1)+(2)+(3)	生產部經理	事務股長	固定金額分攤法	計實%		
4.製造費用	(1) 動力燃料費	生產管理課長	各現場主管	對生產額比率法	計實%		
	(2) 包裝搬運費	完工課長	各擔任者	對銷售額比率法	計實%		

續表

⑶ 消 耗 工 器 具備品費	工 務 股 長	各 現 場 主 管	對生產額比率 法	計			
				實			
				%			
⑷ 水電費	生 產 管 理 課 長	各 現 場 主 管	對生產額比率 法	計			
				實			
				%			
⑸ 試 作 研 究 費	技 術 股 長	技 術 各 擔 任 者	依方針之分攤	計			
				實			
				%			
⑹ 試 作 研 究 費	生 產 部 經 理	事 務 股 長	依方針之分攤	計			
				實			
				%			
⑺ 折舊費	財 務 部 經 理	事 務 股 長	對資產定率法	計			
				實			
				%			
⑻ 修繕費	財 務 部 經 理	事 務 股 長	依預防保養計 劃	計			
				實			
				%			
⑼ 其他	各 擔 任 課 · 股 長	各 擔 任 者	依各科目而異	計			
				實			
				%			
⑴ ＋ ⑵ ＋ ⑶…＋⑼	生 產 部 經 理			計			
				實			
				%			
5. 總製造費用 （1＋2＋3＋4）	生 產 部 經 理	各 擔 任 者	對銷售額比率 法	計			
				實			
				%			
6. 月初半成品存 貨	生 產 管 理 課 長	各 擔 任 者	對生產額比率 法	計			
				實			
				%			
7. 月末半成品存 貨	生 產 管 理 課 長	各 擔 任 者	對生產額比率 法	計			
				實			
				%			
8. 製造成本	生 產 部 經 理	各 擔 任 者	對銷售額比率 法	計			
				實			
				%			

　　但是這只是一個例子，所以管理負責人、實行負責人、計劃基準立案人，應以此為參考，配合自己公司之實況，來決定責任體制及基準即可。

四、月別綜合資金計劃之擬定法

　　以上所提的是有關損益方面──事業活動之計劃，也是業績評價基準，從現在起要敍述的是推行該事業活動之資金運用計劃，及有關資金活動之業績評價基準。

　　首先以如表 9-3-5 所列示之月別綜合資金計劃表，擬定自己公司之資金計劃，但要使其能對應於表 9-3-2～表 9-3-4 等之事業活動而擬定。

五、月別綜合資產負債表計劃之擬定法

　　以資產分析與計劃表及資本分析與計劃表等為基礎，製成表 9-3-5 所列示之月別綜合資產負債表計劃。

1.擬定能使資金運用迅速化之計劃

　　資產負債表計劃的要點在於，令使用資產能儘快發生作用。為此，必須重視銷售債權週轉率、存貨週轉率及固定資產週轉率，設法不使銷售債權、存貨、固定資產等增加太多。又為不使貼現票據殘餘額增加，必須注意不要延長接受支票日期。

2.以自有資本及固定負債來固定資產

　　為使週轉資金充裕，有必要以自有資本及固定負債來充當固定資金。若想進一步成為優良公司，更要只以自有資本來充當固定資產。

表 9-3-5　月別綜合資金計劃表之例

單位：千日圓

科目 ＼ 摘要		管理負責人	實行負責人	年末		1月	2月
1.現金收入	(1)由上月轉入	會計主任	擔任者	計			
				實			
				%			
	(2)應收帳款之回收與應收票據	銷售部經理會計主任	各擔任者	計			
				實			
				%			
	(3)其他			計			
				實			
				%			
	(1)＋(2)＋(3)	財務部經理	各擔任者	計			
				實			
				%			
2.經常現金支出	(1)應付票據決算	財務部經理	會計主任	計			
				實			
				%			
	(2)應付帳款之支付	財務部經理	各擔任者	計			
				實			
				%			
	(3)人工費・經費	財務部經理	會計主任	計			
				實			
				%			
	(4)利息・折扣費	財務部經理	會計主任	計			
				實			
				%			
	(5)其他	財務部經理	會計主任	計			
				實			
				%			
	(2)＋(3)＋(4)＋(5)	財務部經理	各擔任者	計			
				實			
				%			

續表

3.特別現金支出	⑴設備費	總經理	各部門主管	計			
				實			
				%			
	⑵借款歸還	總經理	財務部經理	計			
				實			
				%			
	⑶存款	總經理	會計主任	計			
				實			
				%			
	⑷其他	依內容而異	各擔任者	計			
				實			
				%			
4.差額（1－2＋3）				計			
				實			
				%			
5.資金調度	⑴標據貼現	財務總經理	會計主任	計			
				實			
				%			
	⑵借款	總經理	會計主任	計			
				實			
				%			
	⑶其他	總經理	會計主任	計			
				實			
				%			
	⑴＋⑵＋⑶	總經理	會計主任	計			
				實			
				%			
6.轉入下月（4＋5）		會計主任	擔任者	計			
				實			
				%			

第四節　樹立責任體制之做法

一、全公司之責任明確化才是重要的

全公司綜合計劃，在其實行之際，若無明確責任體制之樹立，則難以期望其實現。樹立責任體制的方法，要從上層逐漸使責任體制明確化，並使其負起責任。

對經營之最終業績及最終成果之純利益負責的最高負責人，當然是總經理，將此明確地告訴各地方所有員工。如此所有責任體制才能被確立。最高階層不負起責任，只求下面負起責任，則下面的人絕不會心服。

經營計劃正是使責任體制明確化之尺標，也是測定公司業績之尺標。以下要說明主要利益與成本別，其責任之應有方法。要樹立部門別與個人別之責任體制，至少要使以下各點明確化，是絕對必要的。

二、在損益計劃方面之科目別利益責任與成本責任

(1)銷售額

讓銷售部經理、或業務部經理、或擔任銷售部門之常務董事、或銷售部門之最高負責人負起責任。

(2)打折扣、退貨、索賠(抱怨)費等

讓銷售部門之最高負責人負起責任，有時依其原因別決定由生產部門、研究開發部門之負責人負起責任較好。

(3)產品存貨額

原則上讓銷售部門最高負責人負起責任。

(4)銷售成本

在商店、貿易商，是由採購部門之最高負責人；在礦工業，銷售成本中之製造成本原則上是由生產部門之最高負責人；在建設業等、銷售成本中之工程成本，原則上是由工程部門之最高負責人來負責。

(5)銷售毛利

是由銷售部門、採購部門、生產部門或工程部門之最高負責人來負責。

(6)董監事酬勞

形式上是由董監事會，但實質上是由總經理來負責。

(7)薪資、津貼

由人事、勞務部門之最高負責人來負責，有的公司是由總務部經理或財務部經理來負責。

(8)獎金、退休金

在一般中小企業，由總經理負責即可。

(9)福利金、餐費、宿舍費

普通由人事、勞務部門之最高負責人負起責任。

(10)租賃費、保險費、修繕費、折舊費、水電費等

讓總務部經理或庶務課長負責較好。

(11)燃料費、車輛費、搬運費等、旅費交通費、交際費等

須由銷售部門最高負責人與總務部經理等管理部門之主管共同負起責任。

⑿郵電費、事務用消耗品費、書報雜誌費、雜誌等

由總務部經理、或庶務課長負責即可。

⒀廣告宣傳費

需讓銷售部門主管負責，在有企劃或廣告宣傳部門之公司，則讓企劃營運廣告宣傳之部門主管負責。

⒁預備費

由財務部經理負責管理，有時由總經理決定運用。

⒂營業利益

由銷售部經理及管理部經理共同負起責任較好。

⒃營業外收入、營業外支出、特別收入、特別支出等

由財務部經理等會計，財務之主管負責即可。

⒄經常利益、純利益

由總經理負責即可

三、在製造成本計劃方面之科目別成本責任

⑴原材料費、副材料費等

對於佔據成本最大份量之各科目，在中小企業，須由總經理或專務董事負起綜合管理責任。然後由生產部經理或廠長等負起責任。

⑵工資、薪資、津貼費、獎金、退休金、福利金、餐費、宿舍費等

在中小企業，由總務部經理或人事、勞務部門主管負責較好。在分權化進展達到某種程度而組織穩固之公司，由生產部經理或生產部門內擔任勞務負責人負責亦可。

(3)租賃費、修繕費、折舊費、保險費等

讓財務部經理擔任管理負責人較好。若為大組織，則須由生產部門主管負責。

(4)外包費、包裝費、運輸費、電費、消耗工器具備品費、水電費、燃料費等

普通讓生產部經理或廠長做負責人。

(5)試驗研究費等

須由技術部門或研究開發部門等之主管負責。

(6)旅費交通費、交際費、會議費、書報雜誌費、事務費、雜費等

是在生產部門內實施者，故可讓廠長或生產部門內管理職員或主管等負責。

(7)教育訓練費

讓總公司之人事、勞務部門之主管負責，而由公司整體之觀點來運用較好。

(8)半成品、退貨庫存、廢品

須由生產部門之主管負責。

四、計數以外之所有計劃，都要明示負責人

除以上之外，對於資產負債表上之科目，亦要明示全公司之科目別綜合管理負責人。又對於計數以外之各計劃項目，也要明確規定負責人，並在實施過程中，使其不發生責任上之混淆，這是樹立全公司精確責任體制之基礎。

第五節　以損益平衡點為中心之責任體制

一、損益平衡點為何重要

　　所謂損益平衡點，是赤字經營與黑字經營之分歧點。若此平衡點上升，則企業需要更多的銷售額。在高度成長時代，任何企業都能以銷售額之擴大來吸收平衡點上升所需之數量。然而在進入真正低成長時代的今天，不能輕易地以銷售額之擴大來吸收一旦成本上升的平衡。

　　可說因為孕育著立即成長赤字經營之危險性的緣故。如今已進入為了要確保必要利益與其採用銷售額擴大主義，不如考慮防止損益平衡點之上升較好之時代，這是重視平衡點的一大理由。很多公司以1974 年以來之不景氣為契機，在部門別合算制等制度下，樹立了依損益平衡點方式之責任體制，這是現在之實況。

二、損益平衡點之計算法與管理要點

　　損益平衡點，如果依照以下的方法，誰都能求出。
　　1.首先作出「損益表」與「製造成本報告書」。
　　2.由「損益表」與「製造成本報告書」挑出屬於隨著銷售額或生產額變動之費用科目（例如：像材料費、外包費、包裝搬運費等者），然後加以合計。此為變動成本或變動費用。
　　3.由「損益表」與「製造成本報告書」挑出不隨著銷售額或生產

額變化的固定支出之費用（例如：像薪水、折舊費、地租房租者），加以合計。此為固定成本或固定費用。若有不易判斷走變動費或固定費等，只要大略的區分即可。

4. 合計變動費用後，以銷售額除後乘以 100，此為變動費比率（變動費÷銷售額×100）。變動費比率愈低愈好。

5. 由銷售額減去變動費用者叫做邊際利益。以銷售額除此邊際利益再乘以 100 叫做邊際利益率（邊際利益÷銷售額×100）。邊際利益率愈高愈好。

6. 以⑤所述之邊際利益率除固定費用者，叫做損益平衡點（固定費÷邊際利益率）。損益平衡點愈低愈好。

7. 以銷售額除損益平衡點再乘以 100 者，叫做損益平衡點操作度（損益平衡點÷銷售額×100）。損益平衡點操作度愈低愈好。

8. 由 100 減去損益平衡點操作度者，叫做經營安全率（100——損益平衡點操作度）。經營安全率愈高愈好。

表 9-5-1 所列示者，即是上述之要領，實際地合計竹山產業之變動費與固定費而得者。進而表 9-5-2 系以表 9-5-1 為基礎計算損益平衡點者。

如看表 9-5-2 就會明瞭，竹山產業之平衡點操作度為 51.8%，經營安全率為 48.2%。其代表什麼意義，必定能立即知曉。此意味著，若接受訂貨降低 48%、或銷售額降低 48%，亦不至於成為赤字經營。在損益平衡點中重要事項之一者，即經營安全率。經營安全率若有20%以上，則可稱為良好之經營狀態。若在 20%以下，應設法提高業績，以期望恢復至 20%以上，以謀業績之提高。

重點在於經常好好地把握過去→現在之平衡點，於管理上需注意使平衡點不要升得高，又平衡點操作度不可提高，且經營安全率不可

陷入危險線內。

表 9-5-1 竹山產業株式會社之變動費與固定費之例

摘要 科目	總金額	分解比率		分解金額	
		固定比率	變動比率	固定費金額	變動費金額
銷售額	4419000	—	—		
材料費	2738014	—	100%	—	2738014
外包費	162500	—	100%	—	162500
副資材費	13917	—	100%	—	13917
包裝搬運費	3940	—	100%	—	3940
董監事酬勞金	38170	100%	—	38170	—
薪　水	50341	85%	15%	42789	7552
勞務費	292000	80%	20%	233600	58400
動力費	34982	10%	90%	3498	31484
修繕費	18600	100%	—	18600	—
折舊費	170150	100%	—	170150	—
火災保險費	13660	60%	40%	8196	5464
福利金	47320	100%	—	47320	—
稅　捐	19601	100%	—	19601	—
接待交際費	12504	70%	30%	8752	3752
旅費交通費	21606	50%	50%	10803	10803
郵電費	19320	50%	50%	9660	9660
其　他	46331	80%	20%	37064	9267
利息折扣費	70650	30%	70%	21195	49455
折扣手續費	21303	—	100%	—	21303
合　計	3794909			669398	3125511

註：①單位為千日圓。
　　②本表系依「損益表」與「製造成本報告書」之各科目合計額所製作
　　　者。

表 9-5-2　竹山產業株式會社之損益平衡點計算表之例

表 9-5-2　竹山產業株式會社之損益平衡點計算表之例

1. 年間銷售額	4419000 千日圓
2. 年間固定費	669398 千日圓
3. 年間變動費	3125511 千日圓
4. 損益平衡點	2292450 千日圓
5. 變動費率	0.708（或 70.8%）
6. 平衡點上之操作率	51.8%（4/1×100）
7. 經營安全率	48.2%（100-6）

註：① 4. 5. 系愈低愈好。
　　② 6. 系 80% 以下才好。
　　③ 7. 系愈高愈好，但必須在 20% 以上。

三、在損益平衡點圖上所期望之經營型態為何

　　若看損益平衡點，則可知經營業績有各式各樣之型態。這與人類有各式各樣之型態者頗相類似。由經營型態加以分類，舉出有代表性者，如表 9-5-3。請好好地判斷，到底自己的公司屬於那一型態。同時在參考表 9-5-3 之業績管理要點之後，再請擬定損益平衡點計劃。

　　表 9-5-3 之型態判別法、或業績管理要點，都是根據經驗所擬出者，並非絕對的定理或原則。但可作為一個參考標準，並考慮自己公司之實際狀況來做即可。

圖 9-5-1 竹山產業株式會社之損益平衡點圖

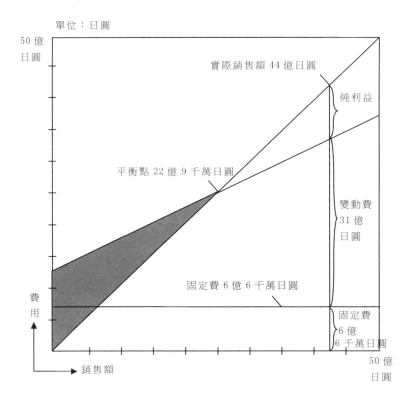

單位：日圓

此圖之畫法：

要領 1：先畫縱軸為費用，橫軸為銷售額之正方形。在其上面刻畫費
用金額與銷售金額。

要領 2：以要領 1 為基礎，畫由左下角至右上角之對角線，這個對角
線就是銷售額對角線。

要領 3：接著畫符合於縱軸刻度之固定費線。

要領 4：在銷售額線（要領 2）上，點畫損益平衡點。並畫連接這個損
益平衡點與固定費線最左端之直線。這就是費用線。

要領 5：最後畫實際之銷售額線。即延長費用線。

　　我們所期望之以損益平衡點為中心之經營型態，是中固定費中變動費型。因為低固定費低變動費型在理論上雖是可行，不過實際上是極難以實現的。

表 9-5-3　損益平衡點經營型態之類型與其管理要點

類型別＼摘要	判斷經營型態之標準與特徵	業績管理要點
1. 低固定費 低變動費 } 型	固定費率、變動費率都低於 30%，而經營安全率亦高，系真正的理想型態。不過實際上幾乎無此種公司之存在。	如不使型態惡化則於任何狀態下，都可積極地擴大企業。
2. 中固定費 中變動費 } 型	固定費率、變動費率都在 30～60%內。可說系實際的公司應期望，而可能實現之型態。	如以開發或合理化為重點，實現變動費率之降低，則可大大地提高經營安全率。
3. 中固定費 低變動費 } 型	固定費為 30～60%，變動費率約低於 30%之公司。可期待利益成長率大於銷售額成長率。	注意固定費率之上升，則可展開積極的經營。
4. 高固定費 低變動費 } 型	固定費率約為 60%以上，而變動費率為 30%以下之公司，不動產業或服務業比較多。	要點在於超過固定費之增加收入，及提高操作率，如不能完成它們，則可能會有大幅度赤字之危險。
5. 低固定費 中變動費 } 型	固定費率為 30%以下，而變動費率約為 30～60%。雖然很堅實，但是顯示有消極的一面。	推進商品結構之修正，設備之革新及人材之投資，則可提高某程度之固定費。
6. 高固定費 中變動費 } 型	固定費率約為 60%以上，變動費率約為 30～60%。如果接受訂貨或銷售情形繼續不振，則業績會急劇地惡化，故要注意。	要點在於減少固定費。必須期望其中固定費中變動費型。
7. 低固定費 高變動費 } 型	固定費為 30%以下，而變動費率為 60%以上者。系太過保守的公司型態。	若急劇地提高固定費，而不降低變動費，則雖增大銷售額，亦不能期待有效果。
8. 中固定費 高變動費 } 型	固定費率約為 30～60%，變動率為 60%以上者。在不景氣下，恐有倒閉的危險。	應暫時停止擴大主義，有重新徹底診斷內部經營之必要。
9. 高固定費 高變動費 } 型	固定費率、變動費率都高於 60%者，可認為正在步向倒閉之路。	必須強有力的採取重建經營，徹底的縮小平衡點政策。

圖 9-5-2　問題少的損益平衡點圖之例

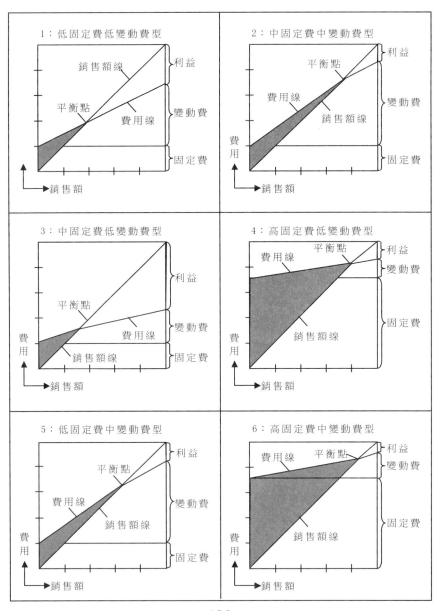

圖 9-5-3　問題少的損益平衡點圖之例

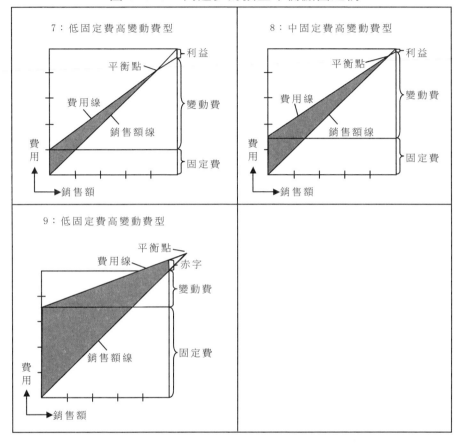

要想在短期間內改善損益平衡點之型態是不可能的的，必須明確
地設定三年或五年之長期目標，並且要有相當的努力才能達成。表
9-5-4 所列者即為此之一例。請分析自己公司之損益平衡點型態，並
設定需要改善的方向。負責人可對應自己公司之組織，決定管理負責
人及實行負責人。實際以此為基礎，明細地作年計劃，科目別地決定
實行負責人來樹立責任體制。

表 9-5-4　損益平衡點型態之分析與其改善計劃表之例

過去三年之實績			項目		改善計劃		
3 年前	2 年前	去年			1 年後	2 年後	3 年後
千日圓	千日圓	千日圓	1. 銷售額	計	千日圓	千日圓	千日圓
				實	千日圓	千日圓	千日圓
				%	%	%	%
千日圓	千日圓	千日圓	2. 變動費	計			
				實			
				%			
千日圓	千日圓	千日圓	3. 固定費	計			
				實			
				%			
%	%	%	4. 變動費比率 （2/1）	計			
				實			
				%			
〃	〃	〃	5. 固定費比率 （3/1）	計			
				實			
				%			
〃	〃	〃	6. 邊際利益率 （100－4）	計			
				實			
				%			
千日圓	千日圓	千日圓	7. 損益平衡點 （3/6）	計			
				實			
				%			
%	%	%	8. 平衡點操作度 （7/1×100）	計			
				實			
				%			
〃	〃	〃	9. 經營安全率 （100－8）	計			
				實			
				%			
			10. 平衡點型態	計			
				實			
				%			

第 10 章

執 行 經 營 計 劃

第一節　如何達成計劃

一、不可成為畫在紙上的餅

　　許多企業總是將年一開始時費盡辛苦所訂定的利益計劃，搞不了多久就收進抽屜裏，並且不再過問。往往計劃訂定出來之後，就鬆了一口氣，覺得非常地放心。然而計劃訂定出來，它並不會自動地使計劃達成，還必須經由一連串有效的過程管理。

　　實施計劃時，需要具備種種的條件，在所有條件當中，最重要的是以總經理為首的各級主管，要有「達成計劃」的決心。否則，好不容易訂定出來的計劃，僅是「畫在紙上的一張餅」而已。

　　為了達成計劃，強調過程管理。這裏所說的過程管理，並不是上司要嚴格督促部屬的作法，而是要重視各級主管的自主管理。雖然強調自主管理，並不是要經營者採取放任的態度，經營者必須隨時掌握

部屬的工作進行狀況，隨時給予必要的協助與指導。而且經營者必須擁有迅捷的消息管道，隨時能夠掌握重要的消息。除此之外，對各部門之內，以及各部門之間的調整，也是上司的任務。

二、先追求全體，再追求部份

作現狀分析時，最忌見木而不見林。必須見木，同時也見林。因此，需要先追求全體，然後追求部份。

首先需要掌握整個公司的狀況，如果狀況良好，應當更進一步知道什麼地方良好？如果狀況不好，也應知道什麼地方不好。為了詳細瞭解，需要檢查製品別的狀況，事業所別的狀況，顧客別的狀況等。

例如，全公司的銷貨利益率逐漸降低時，應檢查製品別的利益率如何？檢查製品組合上發生了何種變化？檢查事業所別的狀況如何？固定費的負擔度如何？……等，必須對每一部份詳加調查。如果所收集的資料都是概括性的，那麼所獲得的意見也會流於抽象性的。先追求全體，再追求部份，那麼所得到的分析結果，也是具體的，而且能夠知道應當在那一個部份著手改善。

三、如何判斷數字資料所表示的意義

對於數字資料，要判斷是好是壞時，必須先有某些基準。能夠作為基準的，有下列三個項目。

1.同業其他公司的狀況，以及同業種的平均值

如果是大企業，由於競爭對象非常地明確，可以清楚地比較同業其他公司的狀況，以瞭解所獲得的數字數據是好是壞。此外，如果能

夠獲得有價證券報告書總覽之類的詳細資料，就能夠與同業其他公司作詳細的比較。

可是，中小企業的財務狀況，多半都不公開，要想與其他公司作比較，是很困難的。不得已之下，只得求取次佳之策，也就是收集政府單位或其他調查機關所發佈的統計資料，來加以比較。與同業其他公司比較，或者用同業種平均值來比較，都可稱之為橫向的比較。

2.設法分析企業過去的狀況

根據統計資料作比較之後，即使發現自己公司的狀況良好，也不能感到安心。因為統計資料是許多企業的平均值，只能作為參考。自己公司的數值此平均值高，並不能保證自己公司的營運非常健全。此外，假如銷貨利益率為 5%，是業績上升之後的 5%，還是業績下降之後的 5%，其意義是完全不同的。因此，僅止以某一時點的狀況作比較，是不夠充分的。

就這個時點來說，A 公司比 B 公司的業績好，但是如果把好幾期的資料來加以比較，往往就會發 A 公司的業績是逐漸下降的，而 B 公司的業績則是逐漸改善的，在這種情況下，任何人都會對 A 公司有所警戒，而對 B 公司有所期待。所以，盡可能要以好幾期的資料來作比較，這種比較，可以稱之為縱向的比較。

3.應當設定目標或預算

如果在經營上採取放任的態度，即使獲得實績，也沒有任何基準能夠與比一實績相互比較。但若設定目標或預算，就可以與此一實績相比較，以判斷是好是壞。在判斷之後，可以講求改善的措施。

第二節 具體追求經營計劃績效

一、應如何講求具體的改善策略

　　有三個蒙住眼睛的人，去摸大象，各自表示，「象如一根粗大的柱子」，「如同一根長長的水管」，「如同堅硬的牆壁」。這個故事所表示的意義，即在於僅止觀察部份，而不觀察整體是不夠的。在掌握自己公司的實際狀況時，需要注意部份，也需要注意整體。

　　要想瞭解某一企業的整個狀況，從分析表可以掌握各種要領。但是，對整個公司，僅止用概括性的數據來觀察，其結果所產生的意見，會流於抽象性。以抽象性的意見，就很難與改善策略銜接起來，所獲得的改善效果也一定不理想。

　　整個公司的狀況如果很好，或者不好，為了瞭解什麼地方很好，什麼地方不好，為什麼很好，為什麼不好，就必須追求部份。例如，銷貨收入有停滯現象，銷貨利益率降低時，就應當追求、部份，也就是應瞭解依製品別、顧客別、事業所別的銷貨收入各為若干。追求部份，就可以知道應當改進那些地方，以使整個企業的業績獲得改善。

　　整體生產力如果降低，應檢查是製造部門降低，還是營業部門降低，應當以事業所別作明確的檢查。依降低單位及原因的不同，所須採行的改善策略也不相同。

　　當然，並不是追究得愈細微愈好。因為，追究得愈細微，所需要的手續與麻煩也隨著增加。追求部份時，應注意較大的問題，並以適當的分類來調查。下面以幾個例子來作說明。

二、以事業所別，加以觀察

從銷貨收入中減去變動費之後，所剩的餘額即為邊際利益。將邊際利益減去固定費之後，所剩的餘額即為經常利益。因此，要想提高銷貨經常利益率，就有必要提高邊際利益率，同時並降低固定費率。

企業的利益結構，可分為許多類型，例如 A 高邊際利益率、低固定費率，是理想型。而實際上則還有：B 高邊際利益率、高固定費率型，C 低邊際利益率、低固定費率型，D 低邊際利益率、高固定費率型等各種的類型。

對於 B、C、D 各型的銷貨利益率，其改善方法，是各不相同的。有時，就整個公司來說，是 C 型，如果詳細觀察公司內的某幾個事業所，就可以發現並不是全部都是 C 型的。應當掌握每一事業所的類型，然後找出適當改善策略。

表 10-2-1 是全公司合計的損益表，邊際利益率是 42%，固定費率是 37%，銷貨經常利益率是 5%。如果僅止要提高邊際利益率若干百分比，降低固定費率若干百分比是不夠充分的。在追求部份的同時，也必講求具體化的策略。

講求具體化的策略，就必須觀察事業所別的損益表。

損益表上包括了許多內容，如⑶邊際利益（率），⑷固有固定費（率）等等。⑷的固有固定費，就是事業所以往一直需要支出的固定費。⑸的貢獻利益，是從事業所別的邊際利益上，減去固有固定費之後，所剩下的餘額。⑹共同固定費，是由總公司支出的費用。

表 10-2-1　全公司合計的損益表

1. 觀察全公司合計的數額：

損益表	
銷貨收入	11200（100%）
變動費	6550（58）
邊際利益	4650（42）
固定費	4090（37）
經常利益	560（5）

2. 觀察事業所別的數額：

項目	全公司	A 事業所	B 事業所	C 事業所
⑴銷貨收入	11200（100）	45500（100）	3900（100）	2800（100）
⑵變動費	6550（58）	2570（57）	2300（59）	1680（60）
⑶邊際利益	4650（42）	1930（43）	1600（41）	1120（40）
⑷固有固定費	1900（17）	720（16）	620（16）	560（20）
⑸貢獻利益	2750（25）	1210（27）	980（25）	560（20）
⑹共同固定費	2190（20）			
⑺經常利益	560（5）			

　　註：第一欄中的數值，左側是各項目的金額（單位：萬元）右側括弧內則是各項目的比率（單位：　%）。

　　A 事業所是高邊際利益率、低固定費率型，也就是最好的類型。C 事業所是低邊際利益率、高固定費率型，也就是最差的類型。因此，所採行的改善策略，包括了　提升邊際利益率。　降低固定費，以及應增加銷貨收入而降低固定費率。

　　B 事業所是中間的類型。固定費率較低，雖然很好，但是邊際利

益率較低則為其缺點。要提高邊際利益率，首先需提高貢獻利益率。

作這樣的區分之後，就可以瞭解每一事業所的實際營業狀況。營業狀況好的事業所，應更加發揮，較差的事業所，應給予協助。如果僅止觀察整個公司的業績，容易流於抽象性的結果。仔細觀察部份，就可以找出具體的改善策略。

三、依製品別、事業所別，加以觀察

1. 將變動費與固定費區分開來

通常損益表的式樣中，將費用區分為銷貨成本、推銷費、一般管理費、營業外費用等。

如果將這些費用，區分為變動費與固定費，不論在作現狀分析時，或者在設定計劃時，都有很大的幫助。

表 10-2-2 的例示⑴中，只列舉了全公司合計的銷貨收入、變動費、邊際利益，而省略了固定費與經常利益。

對製造業來說，主要的變動費是材料費與外包費。對商業來說，主要的變動費是銷貨成本。

作了區分之後，掌握住變動費率與邊際利益率，就知道應當採行什麼樣的改善策略。

例如，假設最近變動費率逐漸升高，邊際利益率逐漸下降的話，就表示固定費率即使相同，而銷貨利益率卻有所降低。如果要想提高銷貨利益率，就必須降低變動費率，同時提升邊際利益率。

不過，對全公司而言，僅將費用區分為變動費與固定費，是不夠充分的。通常一個公司擁有許多種類的製品或商品，因此，必須依種類別作區分，再加以檢討。

表 10-2-2　依製品別、事業所別加以觀察

⑴全公司總計：

銷貨收入	4000 萬元(100%)
變動費	3000(75)
邊際利益	1000(25)

↓

⑵以製品別，加以觀察：

	銷貨收入	邊際利益	邊際利益率
a 製品	1300	390	30%
b 製品	1400	350	25%
c 製品	1300	260	20%
合計	4000	1000	25%

↓

⑶以事業所別、製品別，加以觀察　　　　　　　（單位：萬元）

	A 事業所			B 事業所		
	銷貨收入	邊際利益	邊際利益率	銷貨收入	邊際利益	邊際利益率
a 製品	400	120	30%	900	270	30%
b 製品	600	150	25%	800	200	25%
c 製品	1100	220	20%	200	40	20%
合計	2100	490	23%	1900	510	27%
對合計額的比率	52.5%	49.0%		47.5%	51.0%	

2.依製品別加以區分

觀察例示⑵，依製品別區分，並列舉出銷貨收入、邊際利益、邊際利益率等項目。有了這些數據，就可以知道如果要想把整個公司的邊際利益率提高到 25%以上時，應當採行什麼樣的具體策略。提高邊

際利益率的方法，可以分為下列三大類。

①使製品別的銷貨結構比保持固定,同時提高各製品的邊際利益率。

②將各製品的邊際利益率保持固定,同時提高邊際利益率較高製品的銷貨結構比。

③前述兩種方法同時進行。

3.依事業所別，加以區分

例示⑶,是將事業所別與製品別同時列在一張表上。當然這種區分依企業的組織結構,而略有不同。企業如果攤有好幾個事業所,則需要作此種區分。作出這種區分之後,就可以檢討事業所別的收益力、推銷措施是否得當、與同業其他公司的競爭關係等,進而瞭解應當把重點放在那一個事業所上,以及如何改善事業所別的推銷策略。

從此資料來看,A 事業所佔了全公司銷貨收入的 52.5%。但是,邊際利益只有 49.0%。這表示 A 事業所的邊際利益率較低。兩個事業所的製品別邊際利益率是相同的,A 事業所的邊際利益率之所以較低的緣故,是因為 A 事業所將重點放在邊際利益率較低的 C 製品上。

因此,不可以單純地認為 A 事業所的業績不良。如果其他條件都相同,當然邊際利益率愈高愈好,但是在討論邊際利益率高低的同時,應當檢討其原因及背景。例如,應考慮地區的市場特性,以及某一地區與同業其他公司的競爭狀態,除此之外,也應考慮推銷方法是否得當。

經過這樣的檢討之後,就可以瞭解到如果要想提升業績,應當採行什麼樣的策略。也就是說,根據現狀分析之後,在訂定計劃時,就很自然地知道,用什麼方法、在什麼地方著手改善。

四、主管目標達成度的多寡

在年開始的時候，各級主管都以工作上的重要事項，作為年追求的目標。如果所包括的事項太多，往往無法產生良好的成果。主管所設定的目標，有計數性的目標，包括了銷貨收入、成本、利益等項目，也有非計數性的目標，包括了組織、制度、手續的改善等項目。

表 10-2-3 是一個總務部長的目標。總務部長的工作，種類繁多，這位總務部長將本期所應當處理的重點事項，以三個項目作為目標。並且對三個項目標作出了不同的比重，除此之外，又訂定了達成基準。達成基準也就是觀察目標達成與否的基準。

表 10-2-3　總務部長的目標

目標	比重	達成基準
1. 準備引進成本計算制度	50%	從下一期開始實施(進度表另行列出)
2. 月次決算資料的迅速化	30%	將下月 20 日提前到 15 日
3. 出勤率的提升	20%	出勤率應維持95%(此項是與製造部長共同擁有的目標)

各級主管像這樣在年之初訂定目標之後，每月都應管理考核目標達成的程度。在月次決算會議上，應對各人的目標，依下列事項作報告與檢討。

⑴目標的進行狀況如何？如果進行得不順利，應探討其原因，並找出今後應採行的對策。在月次決算會議上，不應以各種理由推託，應以積極的態度，找出達成目標的方法。

⑵為了達成目標，可以向其他部門提出相關的要求。例如，營業

部長可以要求製造部長，必須按期交貨。

　　⑶如果對上司有所要求，也應提出。例如，營業部長可以向總經理表示，為了爭取某一大宗訂單，需要增加推銷費。

五、改善策略的追蹤

　　把功課交待給學生，學生做與不做，都不會受到獎賞或處罰的話，很難使學生的課業有所進步。應當以某種形式予以賞罰，學生功課做得好，給予獎賞，會使學生產生感到喜悅與自信。如果做得不好，應給予指責，使學生以後更加努力去提升成績。

　　月次決算，往往會變成一項實績報告。實績不良的部門，會找各種的推託理由，並且希望將責任轉嫁給其他的部門。這樣是無法解決問題的。各部門的主管，必須準備各種的對策，僅要求部屬達成目標，而不講求對策，是不合理的。除了需要準備對策之外，還需要追蹤其結果。

　　部屬的實績，如果不佳，應依照主管所準備的對策去處置，對於處置之後的追蹤，該採什麼樣的態度，不能夠一概而論。通常依問題的大小，主管會採取不同的追蹤態度。不過，一般來說，主管需要有下列兩種規定。

　　①對於某一問題是如何處置的，應報告其結果。

　　②在處置之後，情況無法獲得改善時提出報告。

六、訂定實行預算

　　在年開始的時候所訂定的預算，稱之為基本預算。訂定基本預算

的進修，是以預測各種條件作為基礎的。但是經過了一段時間之後，這些條件都發生了變化。基本預算已經變得不很適當，於是需要訂定實行預算。

如表 10-2-4 所示，是一種月次預算管理表，這張表上包括了實行預算，實行預算也稱之為修正預算。訂定的方法是，每月或每數個月，將原有的基本預算，以及後來產生的實績作為考慮的基礎，並預測今後的各種條件。例如，在五月份，已經知道了四月份的實績之後，就應當將基本預算與四月份的實績相互對照，然後預測今後的狀況，並修正六月份以後的預算。依企業的不同，有的企業每個月都作這種修正，有的企業則以兩個月或三個月為單位，作修正預算。

表 10-2-4　月次預算管理表

（單位：百萬元）

		項目	4 月	5 月	6 月	7 月	8 月	9 月	上期計
銷貨收入		基本預算	185	280	190	235	180	255	1325
	實績 · 修正預算	4 月	175	280	200	235	180	255	1325
		5 月		270	200	240	180	255	1320
		6 月							
		7 月							
		8 月							
		9 月							

註：方框內記入實績值

從表 10-2-4 所舉的例示上可以看出，方框內的數字表示實績，四月份的實績比預算少了 1000 萬元，因此在六月份的基本預算上，應設法予以彌補。

原來六月份的基本預算是 190 萬元，修正後為 200 萬元。用這種修正的方法，以追趕全期的總預算。

到了年終了時，方框內的金額合計，就是實績的銷貨收入，可用來與基本預算相互比較。用這樣的月次預算管理表，可以很清楚地看出基本預算與修正預算之間的差距，同時也能夠看出每月的實績，以及全期的總計。

七、保持彈性的運用

企業的預算，是由官方的財政預算改進之後，所產生的預算方法，因此在形式上相當類似，但是在實質內容上卻有極大的不同。官方的財政預算，主要的目的，在於防止財政上的浪費，並嚴格控制支出。

但是企業的預算，防止浪費，只是一項消極的目的，其積極目的在促進利益的實現。因此企業預算須配合內外各種條件，在運用上保持彈性。

1. 預備費的支出

所謂預備費，就是為預算所無法預測的事態而準備的費用。預備費的金額，如果在整個預算中所佔的比率太大，則不具實質意義。如果所佔的比率太小，則過小的經費又不足以發揮功能。預備費的目的，在於讓預算能夠保持彈性。

預備費的大小，並不是用理論去決定的，需要依據過去的實績，以及運用預備費之後，是否產生問題等，來加以決定。如果一開始就依費目別訂定預算時，不妨在每一費目別之下，編列一些預備費。

2.費目的轉用

所謂費目的轉用，就是把某一預算費用，轉用到其他的費目上。如果完全不允許費目的轉用，將使預算失去彈性。但是，如果對費目的轉用絲毫不加限制，將失去訂定預算的意義。

因此，需要限定在預算上可以轉用的科目，或者限定在預算上不能夠轉用的科目。

例如，為了防止浪費，不允許交際費、廣告宣傳費、試驗研究費、教育費等，而轉用到其他費目上。

一般負責訂定預算的會計部門，都不喜歡處理預備費的支出，或費目的轉用，而營業部門則要求預算具有彈性。

所謂預算制度，是會計管理上的一種手段，而不是目的。雖然依企業的性質不同，而有不同。不過一般來說，只要能夠達成部門主管的重點性目標，應在可能範圍內，讓預算制度保持較大的彈性。

八、儘早作月次決算

月次決算作得早，並不保證月次決算能夠被靈活運用。

例如，經營者對月次決算並不表示強烈的關心，而完全交給會計部門去處理，那麼月次決算會議，就會變成每月的例行公事，無法與達成目標的行動聯結在一起。如果要想靈活運用月次決算的數據，就應當儘早作月次決算。

作月次決算，不僅要編列實績預算表，還要做種種的預算報告書，工作量相當的龐大。

不過，即使所準備的資料非常詳細，如果在一個月結束之後，再舉行月次決算，是沒有太大意義的。月次決算是一種有用的管理數

據，須具有迅速性。

　　月次決算在截止後幾天完成，通常可作為企業管理水準的指標。此一指標，往往依業種或組織的不同、會計手續、人員數目、經營者或主管的要求度等，而有所差距。要想提早月次決算，可採下列幾種方法。

　　⑴不在每月的最後一天，而在 25 日作月次決算。

　　⑵對每一部門，應訂定提出月次資料的期限，並且逐漸將該一期限提早。

　　⑶重要的資料，應儘早提供。例如，記載了銷貨收入預算與實績的圖表，應在第一週作成，並在第二週之內提出。

　　⑷設法改善公司內的物品管理與傳票處理。例如，企業如果有龐大的庫存品，應改善庫存管理，以求隨時能夠掌握庫存品的數量。

　　⑸請求往來廠商給予合作。例如，應要求廠商在限期之內提出帳單。

第三節　主管應訂定各級目標

一、決算書是經營者的成績單

　　決算書上排滿了數字，看起來枯燥無味，但這卻是經營者的成績單。企業的決算書，對企業的經營者是非常重要的，其特性即在於用數字表達企業的實績。

　　企業的主人是股東，股東將經營權委託給經營者。委託出經營權，並不是放任地由經營者任意經營，經營者必須時常將經營結果報

告給股東。在什麼時候報告呢？就是在股東大會上報告。

股東們看到決算書之後，認為業績良好，就會增加給經營者的報酬，同時也會增加經營者每月的薪資。此外，在改選經營者的時期，也會決議留住原有的經營者。相反地，如果業績不良，經營者就失去了作經營者的資格，而會被其他的經營者所取代。

不過，中小企業大多數是同族公司，也就是由一家人所經營的公司，既不開股東大會，同時也不會因為業績不良而更換經營者。然而就業績不良，其結果導致倒閉這點而言，決算書一樣可以稱之為中小企業經營者的成績單。

總經理的日常工作，包括了主持經營會議，調整公司內部之間的問題，考核人事，接受部屬的報告，接待顧客，前往銀行交涉等，非常的繁忙。總經理需要處理的工作，可說是種類繁多，但是到最後，只是以創造了多少的利益，也就是以銷貨收入或利益率的形態，接受股東或銀行所給予的評價。換言之，總經理的成績，僅僅是用少數幾個項目的達成度來作評價的。

二、如何提高業績

總經理想提高公司的業績，僅靠一個人的力量是辦不到的，必須有部長、課長以及其他的員工相互配合才行。總經理應將能夠直接交給部長處理的工作，交給部長來進行。不同的部長，所擁有的工作，也是種類繁多的。以營業部長為例，需要主持推銷會議，積極指導部屬，開拓新的客戶，並與製造部門保持協調等。

總經理雖然把營業活動委託給營業部長處理，但並不完全採取放任的態度，營業部長需要時常向總經理報告，尤其在年結尾時，以營

業部長所提供的報告，作為評價的標準。評價時並不以營業部長採行
了某種方法、作了某種努力來做評價。而只是以其結果，也就是以銷
貨收入、利益、利益率、賬款回收率等幾個項目的達成度，來作為評
價的標準。

公司想要提高業績，不僅需要總經理的努力，還需要部長、課長
以及所有員工的同心協力。同時，僅僅努力是不夠的，必須明確地規
定出每一人員所應追求的目標，並找尋達成的方法。所需要達成的項
目，到最後必定會被濃縮成少數幾個項目，這少數幾個項目，就稱之
為目標。目標的達成度，也就是評估總經理以及各級主管業績的標準。

三、訂定目標與方法

實際觀察企業的利益計劃時，會發現上面寫滿了許許多多的預估
數字，各種數字都是綜合性的，並沒有明確地把重點項目標示出來。
因為一個企業必定是以有限的人員、時間，以及其他的資源，來追求
良好的成果，因此，必須將努力的方向濃縮在幾個重要事項上，也就
是要明確地標示出目標來。

一般企業所訂定的利益計劃，還有一個缺點，就是難免只注重操
作數字，也就是說，僅注重預估數字的訂定，而卻輕視了達成的方法。
僅以數字標示出目標，並不能保證必能達成該一數字所顯示的目標。
訂定數字是比較容易的，而相對的，檢討具體的策略方法，則是極不
輕鬆的。訂定計劃時，不僅需要瞭解「做什麼」、「做多少」，還需要
瞭解「怎麼做」。

總經理、部長、課長等各級主管，應當以重點事項作為目標，明
確地訂定出來。當然，這並不表示，沒有列入目標內的事項，就不必

去處理。下面舉出總經理、事業部長等主管，能夠作為目標的二十個
項目。

　　例如，總經理目標，如果著重在銷貨收入、經常利益、自有資本
結構率等，並設法努力達成這些目標，但這並不表示，可以忽視其他
的項目。訂出目標項目，即表示已經知道了「做什麼」，同時，應當
訂出水準，也就是訂出「做多少」。

　　在目標項目後面，也列舉了方法，在實際作業時，並不需要同時
使用所有的方法，只需選擇與目標相關聯的方法。

表 10-3-1　總經理的目標與方法

目標	
1. 銷貨收入	11. 每人平均銷貨收入
2. 銷貨成長率	12. 每人平均附加價值
3. 經常利益	13. 每人平均利益
4. 本期利益	14. 人事費對銷貨倍數
5. 銷貨利益率	15. 人事費對附加價值倍數
6. 資本利益率	16. 人事費對經常利益倍數
7. 資本週轉率	17. 勞動分配率
8. 損益平衡點比率	18. 市場佔有率
9. 新製品銷貨收入	19. 配息率
10. 自有資本結構率	20. 薪資水準
方法	
1. 組織、制度的改善	6. 原料材料的節省對策
2. 設備投資	7. 省力化對策
3. 新製品開發、新市場開拓	8. 經費節儉縮減對策
4. 推銷促進的強化	9. 教育訓練、士氣提升
5. 技術開發力的提升	10. 強化企業的系列化與集團化

四、目標、方法、預算應當結合在一起

　　目標的達成由兩個部份所構成：其一是方法，其二是預算。也就是說，達成目標，需要有具體的方法，以及用數字表示出來的預算。目標、方法、預算，分別由不同的主管訂定，但是，這些並不是各自獨立的，而是應當連結在一起的。

　　上級主管所訂定的目標，是以比率或金額所表示出來的綜合性目標、期間性目標、結果性目標。而相對的，下級主管的目標，必須與上級主管的目標相配合，應設計成部份性的目標、個別性的目標、原因性的目標。目標的內容除了用比率或金額來表示之外，同時也應包括了表示時間或數量的目標，以及業務改善計劃之類的記述性目標。

　　例如，總經理所訂定的目標是利益額或利益率。承受此一目標的製造部長，所訂定的目標，就應當改換成材料費的節省額，或者製品成本之類的形式。製造部長的目標，在於幫助達成總經理的目標，因此製造部長的目標，需要具有部份性以及原因性之類的特性。製造部長下有製造課長，製造課長接受了部長的目標之後，應當以單一零件的節省額，訂定目標。

　　就像這樣，上級主管與下級主管的目標，在內容上是有差距的，應當以某種形式相聯結在一起。

圖 10-3-1　目標· 方法· 預算應聯結在一起

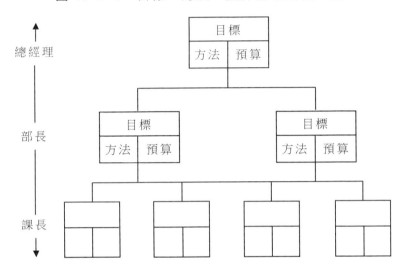

　　由於總經理一個人無法達成全公司的目標,所以需要使用好幾名部長。

　　由於一名部長無法達成總經理所訂定的目標,因此需要使用好幾名課長。

　　為了不讓所作的努力白費,為了產生良好的成果,上司必須將明確的目標交待給部屬,部屬對上司所期待的事項,必須有明確的理解。

第四節 主管目標的訂定方法

一、設定目標的步驟

1.訂定全公司目標與全公司方針

全公司目標(也就是總經理目標),並不是僅由總經理與企劃負責人來訂定的。必須由各級的部長或課長等經營幹部,協商之後再行訂定。應當有多少主管參加全公司目標的訂定會議,依企業規模的大小而有不同。

企劃負責人,根據實績資料,訂定出利益計劃表的草案,草案作成之後,與經營者相互討論,並將彼此的意見,作充分的溝通。總經理如果沒有明確的意見,則企劃負責人必須對利益計劃作重點說明,並建議總經理所應注意的要點,如果總經理的意見是抽象性的,必須要求總經理對所提出的意見作明確的解釋。

企劃負責人,還需要與營業或製造等部門的部長協商,使得彼此能夠就利益計劃表作充分的溝通。各部的部長在參加全公司目標的會議之前,應邀集所屬的課長,讓課長發表與該部有關的意見。部長收集了各方的意見之後,再去參加會議。

在會議的進行上,企劃負責人不是主角,而是在一旁協助的人。企劃負責人需要將利益計劃表的內容,作充分的說明,並且需要引發出各方的意見。企劃負責人需要對意見作補充、作協調、作援助,因此可以說,計劃設定是否進行順利,企劃負責人負有很重要的責任。

全公司目標與部長目標,採同時進行的方式或採個別的方式,依

企業的規模與性質而定，不能一概而論。

2.部長目標與部長方針應向課長說明

全公司目標或部長目標，不能僅依靠一次的會議來達成，往往需要開許多次會議。一旦部長目標決定之後，則需要將部長方針與部長方法，向所屬的課長說明。由於部長在訂定目標之前，已經與課長有過數度的協調，所以部長對課長說明方針與方法，並不是一件困難的事情。

為了達成部長的目標，課長們將各自負擔部長目標的某一部份，課長們瞭解自己所負擔的部份之後，尚需要訂定各自的目標。

3.課長訂定自己的目標與方針

課長目標並不是由部長所訂定的，而是由課長自己來訂定。由部長訂定目標強迫課長去做，課長不易發揮，由課長自己訂定目標，他們就能夠以自主的態度，充分發揮所擁有的能力。當然，課長不能夠任意訂定目標。課長所訂定的目標，必須與部長的目標及方針相配合。課長需要將自己所訂定的目標，以及達成目標的方針、方法的草案，向部長提出。

4.檢討並決定課長的目標草案

部長對各個課長們所提出的目標草案，與自己的部長目標及方針等，相互對照，如果發現有不能配合之處，須予以調整。如果發現課長之間所訂定的目標，彼此之間有矛盾或對立之處，也應予以調整。最後的課長目標與方針方法，則由部長來決定。

二、訂定目標時，應留意之點

訂定目標的時候，有幾項必要條件，下面將主要的必要條件列舉

出來。

1. 必須與上司的目標相結合

即使從自己的立場著眼，認為所訂定的目標非常傑出，但是如果不能夠與上司的目標相結合，而是與上司的方針相違背，就必然會產生困擾。所謂與上司的目標相結合，並不是要保持算術性的一致，而是要站在幫助上司達成目標的位置上。

例如，總經理目標將增加利益放在首位，而將增加銷貨放次位的話，營業部長就要以此一原則來訂定目標。在注意增加銷貨收入的同時，所訂定的目標其重點應放在售價的提高，以及放在利益率較高的製品上。除此之外，也應注意推銷費的節省等，整個目標與方法的訂定，都應當以增加利益為原則。

2. 具體地表示出目標

所謂目標，包括了目標項目（做什麼）與目標水準（做多少）。如果目標不夠清楚，過分曖昧，則很難測量出達成度。因此目標水準，應盡可能用金額、百分比、數量、時間等，具體的方式表達出來。

推銷部門或製造部門，很容易具體地表示出目標，但是管理部門或間接部門，則往往很難用金額或百分比來表示出目標。遇到這種情形，可以用訂定進度表的方式來表示目標。例如，以訂定利益計劃制度的方式，來表示目標。但是，僅訂定了利益計劃制度，並不能明確地表示出進行到何種程度，即使已達成了目標。因此，在利益計劃制度上，應備明明確的進度表。也就是某人到某時為止，應完成某一項目之類的進度表。用進度表就能夠為管理或間接部門表示出明確的目標。

3. 目標應選擇重點

如果列舉了太多的目標，往往就無法產生實際的效果。應當將眾

多目標加以選擇,集中焦點,僅以重要的事項作為目標。一般企業中的許多事項,都被包含在目標之中,但是這些事項的重要度並不相同,如果在同一目標下有許多事項時,可以用%來表示每一事項的重要度。加上了重要度之後,就能夠明確地與上司的目標相結合,也能夠明確地測量出達成度。

例如,以營業部長所訂定的目標為例。舉個極端的例子,假設某一企業所要求於營業部長的目標,僅是提高銷貨收入而已,這表示達成目標銷貨收入是最重要的一件事,可以不考慮利益或利益率。相對的,如果企業要求於營業部長的目標,僅放在利益上的話,營業部長的業績,主要以目標利益的達成度來作評估。不過,在實際作業上,如果只偏重一方,也就是只偏重銷貨收入,或是只偏重利益的話,一定會產生問題。因此需要訂定複數的目標。

表 10-4-1 營業部長的目標

	(A)	(B)
・銷貨收入	70%	20%
・營業利益	20	70
・營業利益率	10	10
	10	10

從表 10-4-1 中,可以看出,營業部長的兩種不同的目標,(A)(B)各自都包含了三個項目,可是,(A)與(B)在工作的作法上,則是完全不同的。(A)將重點放在銷貨收入上,即使犧牲一些利益或利益率也無妨,其目的在於達成目標銷貨收入。因此往往需要投入較多的推銷費。

相對的,(B)的主要重點在於確保營業利益,因此需要推銷利益

率較高的製品，同時也需要壓縮推銷費。像這樣，把重點標明出來的方法，可以作為行動的指標，也可以明確地評估業績，不致產生困擾。

4.目標須訂在能夠達成的水準上

不須努力也能夠達成的水準，不能夠稱之為目標。但是這並不表示，目標訂得愈高愈好。如果目標訂得太高，認為無法達成，就會使士氣低落。目標也不能訂得太低，需要訂在適當的水準上，讓追求目標的人，在達成目標之後，可以獲得滿足感。

但是，什麼樣的目標才能夠算是適當的水準呢？這不是能夠用尺度測量的問題，因此往往很難找到適當的水準。提案水準與期待水準之間有一段差距，用客觀的方法很難測量出，提案水準與期待水準那一種才是能夠達成的水準。因此在決定採用那一種水準之前，會產生各種爭議，有人認為提案水準較為適當，有人則認為應當追求期待水準。

遇到有爭議的時候，有些經營者會這麼說，「我們期待此一水準，你的提案水準，比我們期待的水準要低了一些，因為你認為在實行上有種種的困難，所以你的提案水準比我們的期待水準低了一些，如果要消除那些困難，你認為我們以及各部門應當給予你什麼樣的協助呢？是否能夠想到什麼樣的方法來彌補這之間的差距呢？」

對於此種爭議，不會產生單獨一種正確的答案，必須各部門相互協調，相互合作，以找尋出追求適當水準的方法。

5.訂定目標之後，在作業上應保持平衡

例如，過分偏重增加銷貨收入，即使能夠達成了目標銷貨收入，而結果造成帳款回收不良，推銷費的增加，倒帳的增加等。如果把倒帳換算成零，那麼銷貨收入就等於未曾有太多的增加。

像這樣過於偏重一方，就會在他方產生缺陷。因此在注意銷貨收

入的同時，也應注意帳款回收率、推銷費品質與成本等項目之間的平衡。

6.應明確地表示出方針與條件

假設目標之一，是要提高利益，因此所提出的方針，是盡可能削減一切能夠被削減的費用，這樣做是不適當的。有許許多多的方法都能夠用來增加利益，但是同時採用許許多多的方法，則無法發揮充分的效果。例如談到「要特別節省材料費」，那麼就有必要具體地表示出所應採行的方針。

方針包括了：應當做什麼？重點放在那裏？有什麼樣的前題條件等各種事項。例如，要想達成目標，必須有一項必要條件，這項必要條件就是權責的委付。

例如，要想達成銷貨目標，必須讓負責人擁有某些許可權，這些許可權包括了放寬收款條件，以及在價格上給予折扣等。

因此，下級的主管在訂定目標的時候，必須明確地向上司要求，或者調整所必須擁有的許可權。

此外，還因為製品的成本會隨著生產量而變動。因此，如果以製品成本為目標，就應當標示出預定的生產量，因為生產量愈大，製品的成本就愈能夠降低。生產量減少，製品的成本就會增加。

第 11 章

個人別業績責任體制之實施

第一節 實力主義業績責任體制應有的方法

一、需使實力評價之基準明確化

　　曾經診斷過一家以許可權與責任體制之明確化,而被稱為是很進步的公司。該公司的一切規則整備得非常優越,真令人佩服。然而,深入地調查其第一線部門之內部,結果發現所見與所聞,有很大的差異,因此大吃一驚。

　　在第一線部門,所有人們都異口同聲地訴說:「我們公司之規則規定太多太細,簡直無法按其規定做事。因為如果照規定做,則公司會倒閉的」。

　　因此規定是一回事,工作又是另一回事,互相扯不上關係,以致所有規則規定幾乎都成了廢紙。是關於許可權與責任之細則,就多得

連數都覺得麻煩。如果把公司內之所有規則規定迭在一起，則可能有一公尺以上那麼厚。以這樣的狀態，竟然還有厚厚的「規則規定管理章程」，簡值令人有啞然之感。不必說，建議他們，應對規則規定作一番大整理，並對它所需要的間接人員做一番調度，此為一大課題。從那時起，對規則規定萬能主義的責任體制，開始產生懷疑。

所謂的責任體制之確立或實力主義，自被開始提倡至今已很久了。若抽象地討論此題目時，光是使用責任體制或實力主義之術語就有新鮮之味道。然而在這千變萬化之世界，只是這樣的空談，並無任何用處，對實務上亦不能產生任何新的實效。

當然，實際上其應有之方法因各個公司而有所不同，總而言之，已到了需確立能適應新時代或變化之有實力責任體制的時代了。

並且在推行能發揮實力之責任體制時，重要的是，要在實務上明確地規定自己公司及各部門所需要之實力、能力、業績水準，同時亦要使實力之評價基準明確化。

若連關於實力、責任之評價制度都沒有，而只以感覺來評價實力主義或責任體制，這根本是沒有意義的。

二、實力評價之三大要點

簡言之，企業之實力，乃是對業績之貢獻程度。而且是各人對業績能負起責任工作之體制。

至今很多企業，依人事考績制度評價個人之實力及業績。亦有很多公司將人事考績制度並用了各種考試制度或檢定制度。但是只有這些，仍不能做真正之實力評價，亦無法確立責任體制。必須進一步地將實務連結於個人別業績責任體制及評價體制。然而並不是說因此就

不需要人事考績制度或各種考試制度。

①人事考績制度

②各種考試制度

③個人別部門別業績評價制度

重要的是，需綜合以上三項，好好地運用。但是其主要支柱必須是個人別、部門別業績評價制度。就經驗來講：

①人事考績制度——佔 15～20% 之份量

②各種考試制度——佔 5～10% 之份量

③個人別、部門別業績評價制度，佔 70～80% 之份量。

以三項合計為 100 時，各項份量應為以上①②③之程度，這樣較好。

三、要確立個人別、部門別之業績評價制度

透過實際經營之場所，要知道有無貢獻於業績，如無明確地評價，則不能正確地測定實力或能力。所以需要有評價業績之標準。

現代之企業負有以最小成本獲取最大利益，並公平而適當地將所攫取之利益做以下分配①社會分配（納稅）、②為企業之維持與發展之分配（保留盈餘）、③資本分配（股息）、④經營者分配（董監事酬勞）、⑤員工分配（利益分配獎金）、⑥顧客分配（減價）等之使命與責任。

透過公平而適當之利益分配，對與企業有利害關係之集團，實施大家都滿意之經營，這是企業之最大社會使命。如果是這樣，則必須重視為此而貢獻之這一件事。並且有否發揮為此而貢獻之實力，就成為一大評價基準。

作為測定實力之尺度，此一業績貢獻之實力評價制度應獲得最大

的重視。如整個評價因素為一時，對此業績貢獻之評價，必須要佔 70 ～80%之份量。

🔊 第二節　經營幹部個人別業績責任體制

業績評價制度，是評價個人或小組之實力的尺標，所以若不堅實地確立成為尺標之目標與計劃，就不能作為尺標來測定，這是理所當然的。

一、A 公司總經理之業績評價實況

接著根據以上所述之基準(尺標)，就 A 公司之實際情況敍述如何做經營幹部之業績評價。關於每月→三個月→六個月→一年的評價，並公佈全體員工之評價者，已如上述。在此，將 A 公司總經理之年評價結果，如表 11-2-1 所示。

像這樣，由最高主管明確地規定其對業績之責任，做業績之評分，而且加以公開，這使得部門主管、各管理人員、全體員工在持有個人別業績責任意識上，獲得了頗大的效果。尤其在中小企業，可說這就成為重要的激勵劑。

在此雖然以 A 公司之實例為基礎，但是評價項目等，可依各公司之實況、重視那一項，而有相當大之差異。在 B 公司，總經理之業績責任、評價項目，有以下各項：①稅前純益、②銷售額、③附加價值、④整個公司之總成本(包括利息等之成本)、⑤總資本、⑥損益平衡點。關於業績責任、評價項目等，最好是能表現出該公司之獨特性者。

最重要的是，要參考 A 公司之實例，作出自己公司之獨特制度。

表 11-2-1　A 公司總經理業績評價結果之例

總經理○○○		達成率	份量	評分	特別事項
1. 綜合經營 （份量 60%）	1-1 稅前純益 53 千萬日圓之達成	97%	×20%	19.4	差額約為 1600 萬日圓，極為遺憾。
	1-2 附加價值率 46%之達成	93%	×10%	9.3	不夠 3.22%系因未能達成商品結構修正之緣故。
	1-3 員工數 187 名	100%	×10%	10.0	感謝各部門員工之合作
	1-4 總資本 57 億日圓	100%	×10%	10.0	感謝會計課之努力
	1-5 人工費分配率 35%	92%	×10%	9.2	大約與 1～2 發生關聯，故分配率就反而高了。
2. 營業方面	2-1 訪問主要顧問一年 120 次	100%	×10%	10.0	多虧營業部門之合作
3. 生產方面	3-1 審查品質之提高與否一年 12 次	100%	×5%	5.0	達成了次數，但內容要更進一步。
4. 管理方面	4-1 審查內部監察一年 12 次	100%	×5%	5.0	下期希望做業務改善之監察。
5. 技術‧研究	5-1 技術輸出 1 億日圓之達成	89%	×10%	8.9	因為 ×契約挪到下期。
6. 人事‧勞務方面	6-1 面對面教育一年 240 次	100%	×10%	10.0	期待由員工們之評價。
綜合評分		100%		96.8	做為總經理對各部門之推進還不夠

　　對 A 公司的敘述中，介紹了四名最高幹部之實例，而對其評分結果，只介紹了總經理部份，因為不管幹部人員有多少方法都是一樣的，所以關於幹部之個人別業績體制就到此為止，以下要敘述樹立各

部門別之個人別業績責任體制的方法。

二、經營幹部之個人別業績責任體制

為使之具體而容易瞭解，在此舉出 A 公司實例加以說明。首先觀察 A 公司之最高層幹部如何地運用個人別業績責任體制及如何擬定業績評價基準。

在 A 公司，長年地實施目標管理制度，這個制度對於業績之提高可說有著很大的貢獻，然而，要使目標管理更徹底化，到底不單是部門別，必須使以經營最高幹部為先之各部門首長個人之責任體制明確化，亦即樹立由上級負起責任之體制，而明確地規定計劃或達成目標之責任制度。此為 1969 年之事。好不容易才樹立了責任制度，所以進而於 1971 年，實施了經營幹部之業績評價，並將此公佈於公司內而樹立了幹部之業績評價制度。基於此業績評價，亦決定了幹部之獎金與報酬。又於 1974 年，再進而對所有部門之員工實施了業績評價制度至今。

A 公司之經營最高幹部，是總經理與三名常務董事兼經理共四名。並無副總經理或專務董事。又普通董事都是經常不上班，所以亦無普通董事之經理。

此四名經營最高幹部，所分擔職務如下：

⑴董事長兼總經理——總括經營者。

⑵常務董事兼營業部經理——營業部門之部門經營者。

⑶常務董事兼總務部經理——管理部門之部門經營者。

⑷常務董事兼生產部經理——生產部門之部門經營者。

又，總經理是 A 公司之創業者，生產部經理是總經理之姻親弟

弟，而營業部經理與總務部經理都不是同一家族。

　　以上四名之業績責任、與營績評價基準，如表 11-2-2 至表 11-2-5 所列示者。

表 11-2-2　總經理業績責任‧業績評價基準表(年)之例

總經理○○○		達成率	份量	評分	特別事項
1. 綜合經營 （份量 60%）	1-1 稅前純益 53 千萬日圓之達成	％	×20%	分	
	1-2 附加價值率 46%之達成	％	×10%	分	
	1-3 從業員數 187 名	％	×10%	分	
	1-4 總資本 57 億日圓	％	×10%	分	
	1-5 人工費分配率 35%	％	×10%	分	
2. 營業方面	2-1 一年訪問顧客 120 次	％	×10%	分	
3. 生產方面	3-1 審核品質之提高與否一年 12 次	％	5%	分	
4. 管理方面	4-1 審核內部監察一年 12 次	％	5%	分	
5. 技術‧研究	5-1 技術輸出 1 億日圓之達成	％	10%	分	
6. 人事‧勞務方面	6-1 面對面教育一年 240 次	％	10%	分	
綜合評分			100%	分	

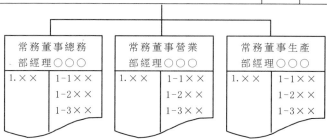

表 11-2-3　總務部經理業績責任·業績評價基準表（年）

常務董事總務部經理○○○		達成率	份量	評分	特別事項
1. 目標計劃之推進 （份量 40%）	1-1 全公司每人稅前純益 283 萬日圓	%	×10%	分	
	1-2 每人每月附加價值 125 萬日圓	%	×10%	分	
	1-3 自有資本比率 43%	%	×10%	分	
	1-4 借款之歸還 2 億日圓	%	×10%	分	
2. 合理化之促進 （份量 30%）	2-1 銷售事務 100%線上	%	×10%	分	
	2-2 節減經費 2 千萬日圓	%	×10%	分	
	2-3 省人員 6 名	%	×10%	分	
3. 士氣之提高及 人材培育 （份量 30%）	3-1 士氣調查一年 4 次	%	5%	分	
	3-2 全公司自我評分 90 分以上	%	5%	分	
	3-3 全公司上班率 97%以上	%	5%	分	
	3-4 技能測試 90 分以上	%	5%	分	
	3-5 教育訓練 18700 人	%	5%	分	
綜合評分			100%	分	

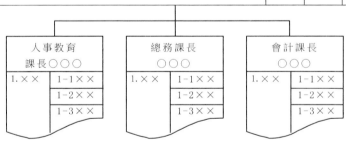

表 11-2-4　營業部經理之業績責任‧業績評價基準表（年）

常務董事營業部經理○○○		達成率	份量	評分	特別事項
1. 銷售計劃之 達成 （份量 60%）	1-1 邊際利益 33 億日圓	%	×30%	分	
	1-2 銷售額 65 億日圓	%	×10%	分	
	1-3 新商品 7 億日圓	%	×10%	分	
	1-4 新顧客 120 公司	%	×10%	分	
2. 銷售單價	2-1 平均 20 萬日圓	%	×10%	分	
3. 應收賬款	3-1 滯留天數 150 日			分	
4. 退貨率	4-1 年間平均 1%以內			分	
5. 交通事故	5-1 年間 15 件以內			分	
6. 銷售固定費	6-1 年間 960 萬之節減			分	
7. 銷售訓練	7-1 每月 10 小時(120 小時)			分	
綜合評分			100%	分	

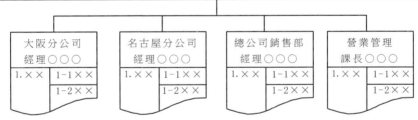

表 11-2-5　生產部經理之業績責任·業績評價基準表（年）

常務董事生產部經理○○○		達成率	份量	評分	特別事項
1. 提高生產力 （份量 60%）	1-1 每人年生產利益 155 萬日圓	%	×15%	分	
	1-2 每人生產力 3600 萬日圓	%	×30%	分	
	1-3 操作率 93%	%	×15%	分	
2. 提高品質 （份量 30%）	2-1 材料審查 48 次	%	×5%	分	
	2-2 工程審查 60 次	%	×5%	分	
	2-3 技術審查 48 次	%	×5%	分	
	2-4 商品評價 12 次	%	×5%	分	
	2-5 索賠案件 36 件以下	%	×5%	分	
	2-6 與競爭對手之比較檢查 12 次	%	×5%	分	
3. 合理化 （份量 10%）	3-1 節省人員 8 名	%	×2.5%	分	
	3-2 製成率 97%	%	×2.5%	分	
	3-3 節減成本 1200 萬日圓	%	×2.5%	分	
	3-4 廢物銷售額 600 萬日圓	%	×2.5%	分	
綜合評分		%		分	

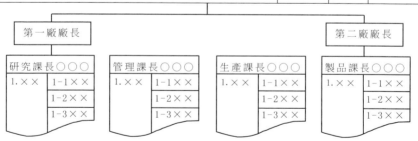

這些均系年間之業績責任與業績評價表。實際上,根據此來作月別之業績評價表、每月實施業績評價,並且每月都公佈其結果。每月之評分法,是依各個評價項目計算每月之達成率,然後乘上各項目別之份量來算出分數。進而合計它們來算出綜合評分。若是年間者,則算出年間之達成率,然後與每月評分相同地乘上各項目別之份量,算出評分,合計起來算出年間綜合評分,除此外,也求出每月之總平均分數。依以上兩種方法求出之綜合評分並無太大差異。再者,除以上之外,又有以下之特徵:

⑴各人之評價,依另外規定之評分基準(前述之要領),自我評分,其結果由每月之常務董事會加以決定,年者則由包括監察人與不經常上班之董事們之董事會來加以決定。

⑵每月之各人總評分,每三個月平均一次,求出一年四次之季節評分,進而求出每六個月之半年期評分。

⑶年評分在 90 分以下者,次年之酬勞(年薪制)等於上年之同額。四名之總平均評分低於 90 分時,不能提高董事們之酬勞額。

⑷若四名之年總平均評分超過 90 分時,依照其成績提高次年之酬勞額。

⑸若四名之年總平均評分低於 80 分時,依照其成績降低一定比率或一定金額之各人酬勞額。

第三節　銷售部門個人別業績責任體制

一、銷售部門是獲得經營努力報酬之最前線

　　銷售部門要有有利的銷售活動，才能使良好商品之製作、商品製作所灌注之精神與合理化努力等之各種經營努力開花結果。如果像這樣來看銷售額、毛利、邊際利益、附加價值、純利益等，則銷售額或應收帳款，可比喻為花，並且可把各種利益及附加價值認為是果實。

　　如所謂的「無銷售即無經營」，則銷售部門就是使經營開花、結果之最前線（第一線）。藉銷售部門之活動，一面被承認其價值，一面令顧客滿足地購買商品或服務來提高企業利益，並收回投入於經營之資金。

　　全體員工之經營努力，還須經由銷售部門之銷售活動與貨款的回收，才能算完成。也就是說，經營努力之報酬，藉銷售才能獲得。因此，銷售部門若只做商品或服務之銷售和收回貨款的活動是不夠的。其所肩負之使命是要銷售滿足感給顧客，並於公司內部，透過銷售來使利益提高。所以銷售員不僅要銷售，而必須是透過銷售貢獻於公司利益。

　　如在今天供過於求，而經常發生過度競爭之時代裏，利益中心之銷售活動更加顯得重要了。

二、展開有計劃之銷售，以提高銷售利益

銷售計劃需要明確地規定：為獲取銷售利益→要賣什麼（商品計劃）→向那裏賣（銷售路線計劃）→賣多少錢（售價計劃）→賣多少（銷售數量或銷售額計劃）→為何賣（促進銷售計劃）→由誰來賣（銷售組織計劃）。若將此畫成簡單的圖，則如圖 11-3-1。

圖 11-3-1　銷售計劃之內容

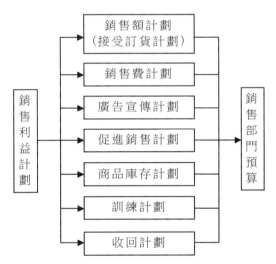

如果是小企業可由總經理或會計來訂定銷售計劃，如到了某一程度之規模，則由銷售部門根據總經理之有關銷售之方針來擬定較好。何以見得呢？因為藉此，可產生參與意識、且責任感會明確化之緣故啊！如為中型規模之企業，則必須由擔任之董事、一般職員、銷售部門課長、分公司經理、銷售部門職員等、吸收下層之意見，來共同擬定計劃。又在做預測生產之公司或商店、貿易商等，則需要考慮生產

及採購之銷售計劃；在做訂貨生產的公司或訂貨銷售貿易商等，則必須考慮所接受之訂貨計劃與生產、採購之平衡及交貨日期，來擬定計劃。就一般而言，在消費財部門，預測生產形態較多，而在生產財、資本財、投資財等部門，則接受訂貨生產形態較多。

　　不管那一個，銷售計劃必須以銷售必要利益＋必要銷售費用——銷售額計劃之利益中心的觀念來擬定，並加以執行。將依利益中心主義，設定銷售額目標之具代表性的計算公式列示出來，則如表11-3-1。若只是擬定比去年銷售額提高若干比率的銷售計劃，那是無法獲取銷售利益的。

　表 11-3-1　以利益等為中心算出銷售額計劃具代表性的算式

1. 銷售額純益率方式
1. 必要銷售額計劃＝稅前純益額目標/目標銷售額對純益率   事例計算：   必要銷售額 50 億日圓＝3 億日圓/60%
2. 附加價值方式
2. 必要銷售額計劃＝目標人員×附加價值生產力/附加價值率目標   事例計算：   必要銷售額 36 億日圓＝180 名×每人每年 600 萬日圓/30%
3. 總資本週轉率方式
3. 必要銷售額計劃＝總資本目標×總資本週轉率目標   事例計算：   必要銷售額 75 億日圓＝50 億日圓×年 1.5 週轉率
4. 損益平衡點方式
4. 必要銷售額計劃＝（稅前純益額目標＋總固定費目標）/邊際利益率目標   事例計算：   必要銷售計劃 40 億日圓＝（3 億日圓＋9 億日圓）/30%

　　實際上，大部份的公司，除從列示於表 11-3-1 之各種算式，算出年銷售額外，尚需綜合地在會議上討論過去之實績、競爭對手之動向、商品別、顧客別等之市場預測、並配合有關人員之意見、銷售方針或經營方針等之形式，來做最後決定。將一般的簡單流程，按順序摘要列示出來，則如圖 11-3-2。

圖 11-3-2　一般銷售計劃之擬定法概要

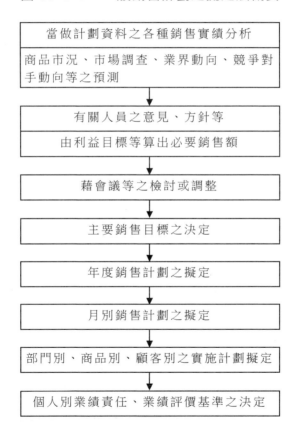

三、銷售部門個人別業績責任制

1. 銷售部門之合算單位與責任體制之概要

那麼，關於銷售部門之個人別業績責任體制推行法，為易於明瞭及具體化，請以 A 公司實例對「1、經營幹部之個人別業績責任體制」之項目，加以觀察。

A 公司銷售部門之最高負責人是常務董事兼營業部經理。並且將營業部門之組織摘要列示出來，則如圖 11-3-3 之 A 公司銷售部門組織編制圖。A 公司是計測機器之製造廠，其銷售可分為經由貿易商等之代理店銷售及使用者直接銷售兩大方式，而最近正在強化使用人直接銷售之體制。圖 11-3-3 中之銷售第一股或銷售第二股，其任務是負責代理店銷售業務，而特售股之任務是負責使用人直接銷售業務。

部門別合算制之實施單位，被分成大部門（營業部、生產部、總務部）、中部門（部、店、場）、與小部門（課、股單位），之三階段，而最小單位就是股。在營業部門人員最少的是營業管理課銷售企劃股，其人員只有四名（男三名、女一名），而人員最多的是總公司之銷售部第一股，其人員共十五名（男十四名、女一名），而各股之平均人數是六名。

部門別業績評價之每月、每三個月、每六個月、每年各實施一次，並精細地實施至大部門、中部門、及小部門之單位。就營業部門來說，每月要將中部門及中部門主管以上之業績評價結果公佈於全體員工。又每月要將小部門之結果公佈於營業部全體人員。在小部門中之個人別業績責任、業績評價基準亦都很清楚，並將個人別業績評價結果，公佈於中部門全體人員。在此，因篇幅關係，不擬介紹全部之業

績評價基準之體系，只擬對總公司銷售部之各單位及各個人，列舉幾個事例。各種作法幾乎都相同，只是評價項目或評分份量稍有不同而已，所以請參考它們即可。

圖 11-3-3　A 公司銷售部門組織編制圖

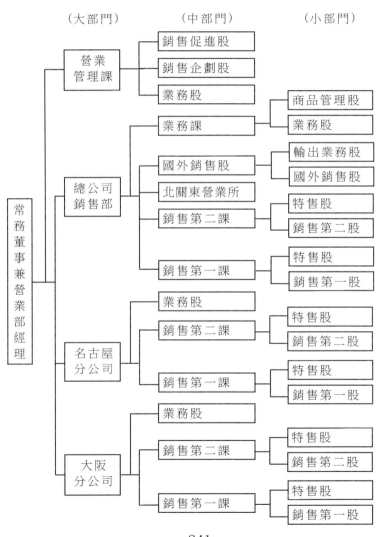

2.銷售部門之部門別業績評價實況

請看一下表 11-3-4。此表中有 A 公司之常務董事兼營業部經理之業績評價基準。在 A 公司營業部門之大部門主管「大阪分公司經理」、「總公司銷售部經理」、「名古屋分公司經理」等之業績責任、業績評價項目，大約與這個營業部經理之評價項目相同。只是其責任金額等比營業部經理的少。因此，在此要省略大部門主管之個人別業績評價。

在大部門雖不是評價基準，但在中部門之「業務股」、「銷售企劃股」、「銷售促進股」等，則成為重要的評價項目。此外，各部門銷售額，除間接部門外，都是實際之銷售額。

中部門或小部門之業績責任、業績評價基準，除間接部門之項目外，大都是依照表 11-3-2 之大部門來訂定的。

評價結果，並不像最高幹部那麼嚴格地反映於薪資。尤其在中部門或小部門，部門別業績評價之結果，是每三個月或年舉行之各種獎賞制度之重要數據。當然，部門別評價結果，在獎金核定時，對好的部門給予加上平均分數以上之部門係數（例如以 100 為平均時，給予120 或 130 之係數），那麼該部門就會領到較多之獎金。

又，後述之個人別業績評價之結果，會成為獎金、加薪、及升遷升格之重要數據。只是，不像最高幹部，因達成率差就會停止加薪或減掉薪資。也就是說，業績評價結果、之反映度，愈到上面愈嚴格。

換句話說，依業績評價，給予評分好的部門各種獎賞，籍支付更多獎金來提高改善業績之意願為目的，而不是以處罰其壞業績為目的。不過亦要讓大家明瞭，業績非常壞時，亦會有殺一儆百之可能。

表 11-3-2　A公司營業部門中之大部門其業績評價基準表之例

業績責任・評價項目			營業部合計	大阪分公司	名古屋分公司	總公司銷售部	營業管理課
(1)銷售額	①＋②	計劃					
		實績					
		達成率	×30%	×30%	×30%	×30%	×5%
		份量					
		評分					
	①新商品（重點銷售商品）	計劃					
		實績					
		達成率	×20%	×20%	×20%	×20%	無
		份量					
		評分					
	②既存商品	計劃					
		實績					
		達成率	×10%	×10%	×10%	×10%	無
		份量					
		評分					
(2)變動費		計劃					
		實績					
		達成率					
(3)邊際利益：(1)－(2)		計劃					
		實績					
		達成率	×10%	×10%	×10%	×10%	×5%
		份量					
		評分					
(4)固定費	①＋②	計					
		實					
		％					
	①人工費	計					
		實					
		％					
	②固定銷售費	計					
		實					
		％					

續表

(5)部門直接利益： 　(3)－(4)	計劃					
	實績					
	達成率	×30%	×30%	×30%	×30%	×50%
	份量					
	評分					
(6)所需人員	計					
	實					
	%					
(7)應收賬款回收	計劃					
	實績					
	達成率	×10%	×10%	×10%	×10%	無
	份量					
	評分					
(8)新開拓銷售額	計劃					
	實績					
	達成率	×10%	×10%	×10%	×10%	×20%
	份量					
	評分					
(9)生產力（部門直接利 　益/部門人工費）	計劃					
	實績					
	達成率	×10%	×10%	×10%	×10%	×20%
	份量					
	評分					
(10)綜合評分(1)＋(2)＋ 　(3)＋(4)＋…＋(10)						

　　為此，部門利益之演算法，最好依照 A 公司之部門直接利益來算。如果將總公司之費用或無關之總公司辦公室大樓之利息、總經理之交際費或公司外董事之津貼，統統分攤於直接部門，而以減去它們後之純益來評價，則是不對的。若是作為參考，在這樣計算後加以公佈，是可以的，然而作為評價之重要項目，則不恰當。何以見得呢？因為直接部門並無管理或實施總公司經費等之責任，也不可能管理。

當然要把總公司成本列舉於總公司部門之業績評價項目內，並由總公司部門之人，來樹立各個人之責任體制加以執行，才是良好而有效的方法。

3. 部門主管之個人別業績責任體制之實況

表 11-3-3　A 公司總公司銷售部銷售第一課長之業績責任
・業績評價（年）之例

總公司銷售部銷售第一課課長○○○		達成率	份量	評分	特別事項
1. 銷售計劃之達成（份量 60%）	1-1 邊際利益 5 億日圓	%	×20%	分	
	1-2 該課直接利益 5 千萬日圓	%	×10%	分	
	1-3 新產品 2 億日圓	%	×10%	分	
	1-4 新顧客 36 公司	%	×10%	分	
	1-5 銷售額 10.5 億日圓	%	×10%	分	
2. 銷售單價	2-1 平均 22 萬日圓	%	×10%	分	
3. 應收賬款	3-1 滯留天數 147 日	%	×10%	分	
4. 退貨率	4-1 每年平均 0.7%	%	×5%	分	
5. 交際費	5-1 每年 120 萬日圓	%	×5%	分	
6. 銷售固定費	6-1 每年 3.5 億日圓	%	×5%	分	
7. 部下訓練	7-1 每年 120 小時	%	×5%	分	
綜合評分			100%	分	

註：

1. 每月之業績責任、業績評價基準表，只是明細項目之數字被細分化而已，至於每月月表之合計與上表相同。

2. 每月之評價由課長親自執行，然後向經理提出，經由常務董事會承認後公佈於營業部內。

3. 達成 100% 以上之項目，在評分時仍按 100 分評分，但在決定序位時使用原來之達成率。又於審核各種獎時，要根據實際達成率評分表。

　　讓我們來看看 A 公司營業部門中,其總公司銷售部銷售第一課課長(中部門主管)與業務課業務股長兩個人之業績責任及業績評價實況吧！

　　首先看銷售第一課課長的,則如表 11-3-3。如同此表,執行看每月→每三個月→每六個月→每年之評價,而公佈於營業部內。至於銷售第一課課長之獎賞、獎金、加薪、升遷等,要以這個評價結果,並配合由上面主管所做之人事考績為基礎加以實施,但是仍以這個評價結果為主。對各銷售股長,亦大約與此相同。此外,對評價項目或評分份量每年都要加以改善,使能對於同階層之職位者,儘量在同一水準上,公平的打分數。

　　接著讓我們再看看執行營業間接部門業務之總公司銷售部業務課業務股長(請參照圖 11-3-3)之業績責任・業績評價基準,即如表 11-3-4 所列示者。

表 11-3-4　A 公司業務課業務股長之業績責任
・業績評價表（年）之例

業務課業務股長		達成率	份量	評分	特別事項
1. 銷售計劃之達成（份量 60%）	1-1 交貨期遲延 24 件以內	%	×20%	分	
	1-2 銷售統計之整備	%	×10%	分	
	1-3 商品週轉每年 16 次	%	×10%	分	
	1-4 業績先行管理之徹底化	%	×20%	分	
2. 部門固定費	2-1 每年 36 萬日圓之節減	%	×10%	分	
3. 部門變動費	3-1 搬運費每年 120 萬日圓之節減	%	×20%	分	
4. 業務聯絡會	4-1 每年開 12 次	%	×10%	分	
綜合評分			×100%	分	

4.一般銷售員之個人別業績責任體制之實況

有關主管級人員者，從現在起，要以 A 公司營業部之總公司銷售部銷售第一課特售股(請參照圖 11-3-3)，其中某一銷售員為例，來看看一般銷售員之個人別業績責任、業績評價之實際情況，並列示於表 11-3-5。

表 11-3-5　A 公司銷售員之業績責任・業績評價表(月別)之例

銷售部銷售第一課特售課課員		達成率	份量	評分	特別事項
1. 月別計劃之達成 (份量 80%)	1-1 月銷售額為 2576 萬日圓	20%	×%	分	
	1-2 邊際利益 1288 萬日圓	20%	×%	分	
	1-3 直接利益 1211 萬日圓	10%	×%	分	
	1-4 應收賬款收回 2380 萬日圓	20%	×%	分	
	1-5 新開拓 97 萬日圓	10%	×%	分	
2. 情報管理	2-1 競爭對手對向每月報告 2 次	10%	×%	分	
3. 自我啟發	3-1 徹底的閱讀西尾著作「Sale！！」	10%	×%	分	
綜合評分		%		分	

各銷售員如表 30 地自我評價，擬定①商品別銷售利益戰略計劃＋實績表、②顧客別銷售利益戰略計劃→實績表、③顧客別收款明細計劃→實績表等之兩個表，執行自我行動管理，表 11-3-5 即是這些數據的收集。因為上述①②③之三表極為龐大，又因為③之收款表系 A 公司獨特的，無法使用於其他公司，所以在此只收集①及②者，並且列示於表 11-3-6、及表 11-3-7。一併作為參考。

表 11-3-6　A公司之銷售員別商品別銷售利益

戰略計劃→實績表之例

商品別			利益戰略	銷售金額	打折扣免運費	淨銷售額(1-2)	公司內成本	邊際利益(3-4)	邊際利益率(5/3×100)	上司裁決之折扣(只有實績)	淨邊際利益(5-7)
1.全商品銷售額		合計	計								
			實								
			%								
		小計	計								
			實								
			%								
	(1)新產品	①××	計								
			實								
			%								
		②××	計								
			實								
			%								
		③××	計								
			實								
			%								
		④××	計								
			實								
			%								
		小計	計								
			實								
			%								
	(2)既存商品	①××	計								
			實								
			%								
		②××	計								
			實								
			%								
		③××	計								
			實								
			%								

表 11-3-7　Ａ公司銷售員別顧客別銷售利益戰略計劃→實績表

利益戰略＼顧客別			銷售金額（標準售價）	打折免運費	淨銷售額（1－2）	公司內成本	邊際利益（3－4）	邊際利益率（5/3×100）	上司裁決折扣（只是實績）	淨邊際利益（5－7）
合計		計								
		實								
		％								
小計		計								
		實								
		％								
總銷售額	(1)既有顧客	① ×× 計								
		實								
		％								
		② ×× 計								
		實								
		％								
		③ ×× 計								
		實								
		％								
	(2)新顧客	小計 計								
		實								
		％								
		① ×× 計								
		實								
		％								
		② ×× 計								
		實								
		％								

四、個人別業績責任體制應注意要點

於銷售部門或營業部門、及商店、貿易商等，在樹立或運用個人別業績責任體制時，有幾點必須注意。以下舉出本人認為比較重要者，以為檢討。

⑴並非延用其他公司之制度或事例就是好的，還是要創意構想自己公司獨特之制度。

⑵要樹立及運用新制度時，不一定都是好事，往往也會發生很多問題，甚至亦會發生令人料想不到之事。務必請於充分準備後才開始推行。

⑶尤其關於個人別業績體制，在如溫室之企業內，必會遭受阻力。所以不但在研究、準備或在運用時，必須廣泛地採納有關人員之意見，並讓他們參與。

⑷個人別責任體制，如不與目標管理、經營計劃並行實施，則不會有效果。再者，因為目標或計劃是業績責任、業績評價之重大尺標，所以不可常常變更或修正這個尺標，這是極為重要之要點。

⑸業績評價之結果，能不立即與薪資體系發生關聯比較好。因為恐怕會使勞務上之問題及薪資體系發生混亂。首先實施輕度之獎賞，然後使其與利益分配制度發生關聯，等確認它們確實有效後，才反映於定期獎金或升遷、升格。進一步再考慮於不久之將來令其與加薪發生關聯。以上之幾個階段是絕對必需的。

⑹最重要的是，要讓全體人員瞭解並承諾對制度之努力與恒心。

⑺責任體制要由上而下依次樹立，這樣才是最佳的順序。

⑻雖然在年中或月中發現制度上之問題，但是最好還是不要朝令

夕改。因為單是構想，只會使制度瓦解，而不能產生其他之效果，最多只能一年或半年重新檢討修正一次。

⑼利己主義與部門別利害之對立，有時也是難以避免的，然而這要由上面的人來調解，並須常常培養部門全體或公司全體，對公司方針、目標、利害之意識。

⑽不要發給如比例薪之業績獎賞較好。

業績好時加以獎賞，壞時互相負起責任，像這樣不斷地培養，在業績好時能想到業績壞時之事，而在業績壞時更需培養挑戰之意願，以使業績轉惡為佳。

⑿重要的是，要採取不但能產生實施個人責任體制、意願，並且可樹立提高業績之自主管理體制之進步的方法。

第四節　銷售部門之個人別業績責任體制

一、使戰略責任與管理責任明確化

將生產部門應完成的這些基本責任，明確地告訴生產部門之各擔任部署，並使個人別之責任體制明確化，可說是生產部門之一大課題。

最近通商產業省之企業經營力研究委員會，發表了三次報告。其中，分為大企業及中型企業舉出了「對業績貢獻之經營因素」，表11-4-1 將其主要項目列舉出來。由表 11-4-1 可知，在中型企業之十七項項目中，①新精銳設備比率、②今後之採購政策等，有關生產部門之事項，在評價對業績之貢獻因素上佔重要地位。並且這些項目，不是管理因素，而可說是經營政策或經營戰略因素。

表 11-4-1 對業績貢獻之經營要素

大型企業		中型企業	
1. 平均薪資水準	1.7972	1. 新精銳設備比率	1.6848
2. 員工之激勵	1.7439	2. 對組織改革之抵抗	1.6282
3. 董事之外部引進比率	1.5667	3. 主要產品之銷售額比率	1.5655
4. 對組織改革之抵抗	1.5599	4. 員工(一般員工)之能力開發	1.4128
5. 員工之能力開發(一般員工)	1.5247	5. 今後之採購政策	1.2789
6. 國外戰略	1.4285	6. 銷售系列內之合作程度	1.2320
7. 對研究開發之最高主管方針	1.2877	7. 研究開發基本目標(技術)	1.0616
8. 新精銳設備比率	1.0387	8. 多角化之方針	1.0471
9. 主要產品之業界佔有率	1.0352	9. 員工之激勵	1.0233
10. 總經理之出身地位	1.0271	10. 新產品開發計劃小組	0.9801
11. 研究部門與公司內之聯繫	0.9443	11. 電腦化	0.9518
12. 生產系列內之合作程度	0.8803	12. 向發展中國家之國外進策	0.9487
13. 經營目標	0.8748	13. 新產品比率	0.8951
14. 製品風格	0.8722	14. 緊急避難計劃	0.8454
15. 研究開發基本目標	0.8527	15. 衰退產品比率	0.8359
16. 開發研究費	0.8097	16. 長期經營計劃之策定	0.7926
17. 固定資金之調度來源	0.8020	17. 對研究發展最高主管方針	0.7328
18. 勞資協議事項	0.7635		
19. 金融系列內之合作程度	0.5841	註：數字表示貢獻度，愈大者貢獻度愈大。	
20. 新產品開發計劃小組	0.5613		

　　生產部門之業績，被戰略因素所支配之場合較多，所以，關於業績責任，生產部門之人員是難以負起這種戰略性責任的。在中小企業，像這樣之戰略因素之業績責任，大部份由最高主管負責，所以必須歸屬於最高主管之業績責任。並且，生產部門內部之業績責任，將有依照最高主管之戰略或方針，以管理責任之因素為中心被評價之趨勢。這是萬不得已的事，但可以說也是當然的。重要的是，使戰略責

任與管理責任明確化，並規定由誰來負責。要樹立生產部門之業績責任體制時，有必要先使責任明確化，爾後始可推展下去。

二、A公司生產部門之個人別業績責任體制

1. 生產部門內部之部門別業績責任體制實況

A公司的生產部門有第一工廠及第二工廠。廠長在公司內通常是屬於中部門，然而在生產部門內則被認為大部門。並且在公司內被認為小部門之課制單位，在生產部門則通常被稱為中部門。課下面設有股、組、班等，而由股長，主任領導著。生產課與製品課是直線部門，管理課與研究課是幕僚部門。通常把股、組、班等稱為小部門，然而股以上單位在年生產計劃上被認為是業績評價部門，年計劃有如下者，然而尚需依年別→月利地擬定出進一步之計劃，並要與營業部門協調，擬出三個月後之實行預算，對於其中最近之一個月後者，尚要擬定日程別、工程別之時間計劃，然後各工廠即依此運轉，實際執行工作。各部門別或個人別業績評價項目，要以這些計劃為基礎，對於主要項目加以執行。

A公司之生產計劃內容：

⑴製造成本計劃(材料費計劃、勞務費計劃、製造經費計劃、庫存計劃)。

給營業部門之決算成本(售價)，要以此製造成本為基礎加以設定。

⑵生產計劃(工程計劃、生產流程計劃、材料準備計劃、零件準備計劃、採購計劃、材料零件庫存計劃、作業計劃、交貨期計劃等)。

⑶生產能力計劃(設備計劃、機械操作計劃、設備類保養計劃、

機械別運轉計劃、人員計劃、作業能力計劃、標準作業時間計劃、工
具補充計劃、工程別生產能力計劃等）。

　　⑷製品規格計劃（設計計劃、規格計劃、技術標準計劃、性能標
準計劃品質保證計劃）。

　　⑸工程計劃（材料計劃、零件之送出計劃、工程別投入計劃、裝
配計劃、半成品計劃、完工計劃、檢查計劃、商品計劃、出貨採購計
劃、物品流動計劃）。

　　⑹安全衛生計劃

　　⑺提高生產力計劃

　　⑻生產合理化計劃

　　⑼改善作業計劃

　　⑽設備及技術秘訣化計劃

　　現將 A 公司生產部門之業績責任、業績評價基準例子揭示於表
11-4-2。可參考此，做出公司獨特之責任項目與評價基準。

表 11-4-2　A 公司生產部門之業績責任・業績評價基準表之例

業績責任・評價項目		生產部合計	生產課	製品課	管理課	研究課
1. 生產量之責任 （研究單位：現有產品之改良）	計劃					
	實績					
	達成率					
	份量	×30%	×30%	×30%	×30%	×30%
	評分					

續表

業績責任‧評價項目		生產部合計	生產課	製品課	管理課	研究課
2. 製造成本之責任 （研究單位：研究費）	計劃					
	實績					
	達成率					
	份量	×20%	×20%	×20%	×20%	×10%
	評分					
3. 提高生產力之責任 （研究單位：新商品之開發）	計劃					
	實績					
	達成率					
	份量	×20%	×20%	×20%	×20%	×20%
	評分					
4. 製成率之責任 （研究單位：成本之開發）	計劃					
	實績					
	達成率					
	份量	×10%	×10%	×10%	×10%	×10%
	評分					
5. 不良品、不合格品 （研究單位：規格之改良）	計劃					
	實績					
	達成率					
	份量	×10%	×10%	×10%	×10%	×20%
	評分					
6. 出勤率 （研究單位：專利件數）	計劃					
	實績					
	達成率					
	份量	×10%	×10%	×10%	×10%	×10%
	評分					
7. 綜合評分（1＋…5＋6）						

2.生產部門個人別業績責任體制實況

在 A 公司之生產部門，對股長以上人員樹立個人別業績責任制，每月實施業績評價。現正在檢討擴大實施此業績評價至主任、領班之階層。一般工人中臨時工多，依工作忙閑之差來派工，即採用所謂之多能工制度，所以不能訂定固定的業績評價基準。雖然這樣，包括臨時工之全員，大抵上都提出自我評價表，不過並不如這裏所說的，而只是關於該月之工作態度等之簡單表格。

表 11-4-3 所列示者，系 A 公司生產部門之課長級個人業績責任之體系表。依課長本身之自我評價，經過各工廠廠長，接受常務董事兼生產部經理之審核，在常務董事會加以決定及公佈。

表 11-4-3A　A 公司生產部門課長級個人業績責任體系表（一）

研究課長		達成率	份量	評分
1. 現有商品之改良 （份量 30%）	1-1A 商品	％	×10%	分
	1-2B 商品	％	×10%	分
	1-3C 商品	％	×10%	分
2. 新商品開發 （份量 20%）	2-1A	％	×10%	分
	2-2B	％	×10%	分
3. 降低成本之開發 （份量 20%）	3-1 原料	％	×10%	分
	3-2 設備	％	×10%	分
4. 生產工程之改良 （份量 30%）	4-1A	％	×10%	分
	4-2B	％	×10%	分
	4-3	％	×10%	分
綜合評分			100%	分

（以下省略）

表 11-4-3B　A 公司生產部門課長級個人業績責任體系表（二）

管理課長		達成率	份量	評分
1. 品質管理（份量 30%）	1-1A	%	×10%	分
	1-2B	%	×10%	分
	1-3C	%	×10%	分
2. 設備保養（份量 20%）	2-1A	%	×10%	分
	2-2B	%	×10%	分
3. 生產管理（份量 30%）	3-1C	%	×10%	分
	3-2B	%	×10%	分
	3-3C	%	×10%	分
4. 預算管理（份量 20%）	4-1A	%	×10%	分
	4-2B	%	×10%	分
綜合評分			100%	分

（以下省略）

表 11-4-3C　A 公司生產部門課長級個人業績責任體系表（三）

生產課長		達成率	份量	評分
1. 提高生產力（份量 60%）	1-1 每人生產量 42 台/月	%	×10%	分
	1-2 每人每小時生產力	%	×10%	分
	1-3 每人生產利益 98 萬日圓/月	%	×10%	分
2. 提高品質（份量 30%）	2-1 材料核對 50 次/月	%	×10%	分
	2-2 工程審核 25 次/月	%	×10%	分
	2-3 不良率 2%以下	%	×10%	分
3. 合理化（份量 10%）	3-1 上班率 98%以上	%	×10%	分
	3-2 損失時間 10 小時以下/月	%	×10%	分
綜合評分			100%	分

（以下省略）

表 11-4-3D　A 公司生產部門課長級個人業績責任體系表（四）

研究課長		達成率	份量	評分
1. 出貨計劃之達成（份量 60%）	1-1A	%	×10%	分
	1-2B	%	×10%	分
	1-3C	%	×10%	分
2. 生產力（份量 20%）	2-1A	%	×10%	分
	2-2B	%	×10%	分
3. 上班率	3-1 98%以上	%	×10%	分
4. 降低成本	4-1A	%	×10%	分
	4-2B	%	×10%	分
綜合評分			100%	分

（以下省略）

　　再者，評價結果亦為獎賞、獎金、加薪、升遷、升格等重要數據。

　　表 11-4-4 所列示者，是表 11-4-3 中之生產課長在 1977 年 7 月別之業績評價實例。由此可知其獲取了頗佳之成績。

三、K 公司之部門主管別業績責任體制──依附 加價值方式

　　另一家 K 公司之建設機械廠商之生產部門，以附加價值為中心之部門主管別業績責任體制。

　　現在，讓我們來觀察 K 公司依附加價值方式之生產各部門主管的業績責任制。

表 11-4-4　A 公司生產部生產課長之業績評價結果

生產課長○○○　1977 年 7 月業績評價		達成率	份量	評分
1. 提高生產力 (份量 60%)	1-1 每人生產量 39 台/月	103%	×20%	20.0 分
	1-2 每人每小時生產量要提高 20%	102%	×20%	20.0 分
	1-3 每人生產利益為 91 萬日圓	98%	×20%	19.6 分
2. 提高品質 (份量 30%)	2-1 材料核對 25 次/月	96%	×10%	9.6 分
	2-2 工程審核	100%	×10%	10.0 分
	2-3 不良率 2%以下	90%	×10%	9.0 分
3. 合理化 (份量 30%)	3-1 上班率 98%以上	98%	×5%	4.9 分
	3-2 損失時間每月十小時以下	54%	×5%	2.7 分
綜合評分			100%	95.8 分

註：要把 100%以上之達成率當做 100%來評分。但是決定順位或決定冠軍（獎）時，仍考慮實際達成率。

在 K 公司，簡單的以各評價項目之達成率來實施評價，而綜合達成率採取各評價項之簡單平均，並且綜合評分之結果，依如下之基準來評分。

綜合達成率評分基準：

⑴我們公司之部門主管，都以對計劃之實績達成度來加以評價，所謂的業績就是實施計劃之結果。必須依以上之基本態度來管理各部門之業績。

⑵因為所謂的業績貢獻程度，就是如何地減少對計劃之差異率，所以我們公司各部門主管之業績貢獻程度，要以實績對計劃之差異率來加以評價。

⑶各部門主管之業績評價都在每月底實施，而必須在次月十日以前向總經理室主任提出。

⑷總經理室主任要根據各部門主管之綜合達成率，並配合以下基準來決定各部門主管之評分。

表 11-4-5　K 公司依附加價值方式之部門主管業績責任表

各部門主管／業績責任項目			1. 生產事業部經理				
			(全部門合計) (1)+(2)+(3)+(4)		⑴名古屋工廠廠長			
					①+②+③	①加工課長	②裝配課長	③製品課長
1. 各部門銷售額(公司內交貨價格基準)		計劃	千日圓					
		實績	千日圓					
		達成率	%					
2. 生產額(1＋期初存貨·半成品－期末存貨·半成品)		計劃	千日圓					
		實績	千日圓					
		達成率	%					
3. 製造成本		計劃	千日圓					
		實績	千日圓					
		達成率	%					
4. 非附加價值	⑴＋⑵＋⑶	計劃	千日圓					
		實績	千日圓					
		達成率	%					
	⑴原材料·零件費·副資材等	計劃	千日圓					
		實績	千日圓					
		達成率	%					
	⑵外包·包裝搬運費·動力費等	計劃	千日圓					
		實績	千日圓					
		達成率	%					
	⑶折舊·修繕費·保險費	計劃	千日圓					
		實績	千日圓					
		達成率	%					
5. 純附加價值（2－4）		計劃	千日圓					
		實績	千日圓					
		達成率	%					
6. 勞務費·人工費		計劃	千日圓					
		實績	千日圓					
		達成率	%					

7. 生產直接經費	計劃	千日圓					
	實績	千日圓					
	達成率	%					
8. 直接部門利益 (1－4－6－7)	計劃	千日圓					
	實績	千日圓					
	達成率	%					
9. 總員工數	計劃	千日圓					
	實績	千日圓					
	達成率	%					
10.附加價值率(5/2×100)	計劃	千日圓					
	實績	千日圓					
	達成率	%					
11.生產力(5/2)	計劃	千日圓					
	實績	千日圓					
	達成率	%					
綜合達成率(平均)		%	%	%	%	%	

註：綜合達成率為 **1. 2. 5. 8. 10. 11.** 六項目之總平均。

超 A 級——以 100%為基準，正差異率在 5%未滿。即 100～105%未滿。

A 級——以 100%為基準，正差異率為 5～10%未滿。負差異率在 3%以內者。即 105～110%未滿或 97～100%未滿。

B 級——以 100%為基準，正差異率為 10～20%未滿。即 110～130%未滿。

C 級——以 100%為基準，負差異率為 3～10%以內，即 90～97%未滿。

D 級——以 100%為基準，正差異率為 20～30%未滿。即 120～130%未滿或負差異率為 10～15%以內。即 85～90%未滿。

綜合達成率未達 85%、或超過 130%之各部門主管之評價、由董事們加以特別評分。

在 K 公司，根據各部門主管之經營能力才是影響公司之業績，並擁有對部下業績之支配影響力之觀點，將這樣的部門主管評價結果反映於獎金、加薪、升遷、升格、降格、人事調動等。但是年業績評價顯著壞的部門主管，亦讓其就任同一職位兩年，給與挽回業績之機會，這也是原則之一。

🔊 第五節　管理部門個人別業績責任體制

一、管理部門是業績貢獻的後勤中心

企業之管理部門必須是透過對總公司業務部門完成服務機能、間接機能、補助機能、幕僚機能及確立管理機能等之機構。然而，如把業務部門稱為藍領階級，把管理部門稱為白領階級，在業務部門與管理部門之間，常存有意識方面、心理方面之很多偏差及隔閡。甚至有的企業裏存有管理部門之身份比業務部門高之意識或感覺。

在仔細考核業務部門業績責任之管理部門或總公司部門，本身之業績責任是否明確？是非顛倒否？

有將所有管理成本分配給業務部門，將自身之責任推給業務部門等之現象呢？在交際接待費超過每月計劃之公司，曾經個人別地調查了到底誰在使用交際接待費。且在每月之計劃檢討會議上，這個公司之財務部經理，常以嘮叨、謾罵的方式，要銷售部門不要太過分地使用交際費。然而，一旦要他將交際接待費之個人別使用明細表提出

時，他卻又推託拿不出來。於是請該公司以總經理之命令調查個人別使用之詳細情況。結果調查出這個公司使用交際費最多的是，擔任財務之常務董事，其次為財務部經理，再其次為財務課長，真是讓人大吃一驚。雖然在營業部門，包括交際接待費一切都訂有預算管制之規定，尚有些處於必要的卻不能用的狀態，可是想不到必須管制經費預算之最高管理負責人，竟然是過分使用交際接待費之人。

為什麼財務部經理與財務課長能夠如此呢？這是因為這個公司的總經理是技術出身的，除大設備費或採購費之支付（主要是支票）以外，將經常的現金支付或支票支付的決定權均委任給擔任財務之常務董事，只要是在 30 萬日圓以下之支付，均以財務常董之儲金簿、及支票來支付，並不經過總經理。再者這個常董又將實際上之實務都委任給財務部經理處理。

此外，在此公司之管理部門中，沒有交際費之預算，亦無樹立個人別責任體制。再視其財務情況，發現該公司之自有資本很少，每月之週轉資金必須依賴個人之借款（每三個月及每六個月）與支票的貼現、所來往的金融機構有好多家。因此在不知不覺之中，在酒家或高爾夫球場接待各來往金融機構之分行經理、副理、貸款課長、擔任貸款人等，已經成為習慣。甚至財務部經理亦持有一種信念與自負，就是說，因為常接待他們，所以在改簽個人名字時或申請折扣增額時，都容易辦得通，亦即平常之交際接待戰略發生了效果，也由於此，公司之資金週轉總能順利。然而一個月平均接待 3～4 名之單位約三次，公司派去接待的人員亦常是常董、經理、課長，因比這三個人之交際接待費每月就消耗約 70 萬日圓。單單是這項就超過了交際接待費之課稅限度額。

若就這個公司營業部門之通常月（中元期或年終期除外）來看，其

平均月份交際接待費只有 30～40 萬日圓。雖然財務部經理可能不久就會感覺到自己之錯誤，但是如果做這樣的事情，對業務部門就站不穩立場而沒有面子了。這個也許是罕見的極端例子，但是站在扶助、管理業務部門立場之管理部門或總公司部門，就應自我約束，以身作則，把公司內最嚴之業績責任表現出來，以作為模範。

常常不小心，管理部之業績或其業績責任及業績評價，就如叢林般，摸不清究竟是在怎麼樣的狀態下。無論如何應想辦法把管理部門之業績，自叢林地帶加以文明開化。這是絕對可以辦得到的。

二、A公司管理部門之業績責任體制評價

管理部門之人員，當然亦想透過自己的工作，對業績有所貢獻。站在全公司立場來看，管理部門完竟是成為他部門之包袱、亦或充分地獲取管理利益，可說第一全靠管理部門其各部門首長之應有態度，第二對管理部門全員有否徹底地灌輸管理利益之意識。由此意義來說，使管理部門之業績責任制明確化，是非常重要的。

1.管理部門之部門別業績責任體制之實況

在前面列示有 A 公司常務董事兼總務部經理之業績責任、業績評價基準表。如此表下方之略圖，在總務部經理下面有「人事教育課長」、「總務課長」、「會計課長」等三人，由比可知這三部門是 A 公司管理部門之棟樑。這三個部門之業績責任與業績評價基準如表11-5-1。

表 11-5-1　A 公司管理部門之業績責任‧業績評價基準表之例

金額單位：千日圓

人事教育課			
業績責任項目		1 月	2 月
1. 總人工費預算之管理	計劃		
	實績		
	達成率		
	份量		
	評分		
2. 職種別人員計劃之達成	計劃		
	實績		
	達成率		
	份量		
	評分		
3. 活動計劃之達成	計劃		
	實績		
	達成率		
	份量		
	評分		
4. 每月人事考績之實施與發表	計劃		
	實績		
	達成率		
	份量		
	評分		
5. 教育計劃之達成	計劃		
	實績		
	達成率		
	份量		
	評分		
綜合評分			

續表

總務課之一			
業績責任項目		1 月	2 月
1. 總務課經費每月 5 萬日圓之節減	計劃		
	實績		
	達成率		
	份量		
	評分		
2. 業務執行基準之改善	計劃		
	實績		
	達成率		
	份量		
	評分		
3. 各部門備品類之合理化審核	計劃		
	實績		
	達成率		
	份量		
	評分		
4. 宿舍之改善	計劃		
	實績		
	達成率		
	份量		
	評分		
5. 公用車輛之整備檢查	計劃		
	實績		
	達成率		
	份量		
	評分		
綜合評分			

續表

總務課之二			
業績責任項目		1 月	2 月
1. 月別決算與部門別決算資料之提出	計劃		
	實績		
	達成率		
	份量		
	評分		
2. 資金計劃之達成	計劃		
	實績		
	達成率		
	份量		
	評分		
3. 全公司月別損益的監查與實施	計劃		
	實績		
	達成率		
	份量		
	評分		
4. 每月降低利息 100 萬日圓	計劃		
	實績		
	達成率		
	份量		
	評分		
5. 總務部門直接經費每月 10 萬日圓之節減	計劃		
	實績		
	達成率		
	份量		
	評分		
綜合評分			

　　人事教育課之評價項目 1，已在前面講過，依照附加價值與人工費計劃表，審核其每月之達成率，將結果拿來做這個評價項目。

　　關於評價項目 2，因為在人事教育課之年計劃中，如揭示於表 11-5-2，擬定有職種別、男女別之計劃，進而以此為基礎，擬定了月別計劃，審核了實績，所以將其結果拿來此處運用。

表 11-5-2　A 公司職種別・男女別之人員分析與其計劃表之例

公司之綜合									
職種別・男女別		去年之實績			1977 年之計劃與實績					
		年進公司人員	年離職人員	期末在職人員	招考計劃	進公司實績	離職預定	離職實績	期末人員計劃	期末人員實績
工廠作業員	男	名	名	名	名	名	名	名	名	名
	女									
	計									
事務作業員	男									
	女									
	計									
銷　售	男									
	女									
	計									
技術・研究等	男									
	女									
	計									
管理督導者	男									
	女									
	計									
臨時其他	男									
	女									
	計									
合　計	男									
	女									
	計									

續表

全公司平均年齡	去年		歲	本年①計劃		歲 ②實績		歲
全公司平均月薪	去年		日圓	本年①計劃		日圓 ②實績		日圓
同業同規模平均年齡	去年		歲	本年①計劃		歲 ②實績		歲
同類同規模平均月薪	去年		日圓	本年①計劃		日圓 ②實績		日圓

學校畢業新採用與初薪								
學歷別・男女別		去年之實績			本年之計劃與實績			備註
		採用預定	採用決定	初薪	採用預定	採用決定	初薪	
中學畢業	男	名	名	日圓	名	名	日圓	
	女							
	計							
高中畢業	男							
	女							
	計							
大專畢業	男							
	女							
	計							
合　計	男							
	女							
	計							

　　關於評價項目 3，因為擬定了以人事、勞務關係為先之全公司、全部門別之活動預定計劃，所以將其每月之實施結果拿到此項目內。評價項目 4，因為在 A 公司，人事教育課負責實施全公司之人事考績，所以人事教育課要自我評價有否對全公司之人事考績加以整理及公佈。如發現有未提出人事考績之部門，則人事教育課會被追究其未負審核之責任。

　　關於評價項目 5，由人事教育課主管擬定全公司月別綜合教育計劃，所以依其實績來評價。

表 11-5-3　A 公司××年階層別教育訓練計劃 • 實績一覽表

種類		對象	每年預算	主要題目				
					月	月	月	月
1. 經營者教育		董事及候補者	千日圓	計劃				
				實績				
2. 管理者教育		部長、課長、廠長、分公司經理	千日圓	計劃				
				實績				
3. 督導者教育		現場或第一線督導階段	千日圓	計劃				
				實績				
4. 職員教育		一般職員	千日圓	計劃				
				實績				
5. 新進人員教育		新進人員	千日圓	計劃				
				實績				
6. 女職員教育		女職員	千日圓	計劃				
				實績				
7. 教養講座		需要時指名	千日圓	計劃				
				實績				
8. 專門教育	⑴技能訓練	有關生產之技術人員	千日圓	計劃				
				實績				
	⑵銷售員訓練	銷售員	千日圓	計劃				
				實績				
	⑶事務員訓練	事務員	千日圓	計劃				
				實績				
	⑷計數訓練	必要時指名	千日圓	計劃				
				實績				

　　由人事教育課之評價項目說明可知，對於總務課、會計課，亦就
各個評價項目，擬定有詳細月別計劃表，而以其實績為基礎，揭示於
此表加以評價。評價之結果如同營業部門或生產部門，反映於獎金或
加薪上。因為這樣，管理部門之人員，亦如營業部門之銷售員、或生
產部門之人員一般，拼命地追求業績，並負起責任來執行日常業務，
此外亦對於與業績無關之浪費紙張之數據、或業務之簡化方面，積極
地提出很多意見或提案。

2. 管理部門之個人別業績責任體制之實況

　　所負業績責任之程度愈到上面愈大，這在那一公司、那一部門都
是一樣的。當然在 A 公司之管理部門也不例外。

表 11-5-4　　A 公司人事教育課長之業績評價結果之例

人事教育課長○○○　　1977 年 7 月業績評價		達成率	份量	評分
1. 年 計 劃 之 達成 （份量 60%）	1-1 總人工費之管理	98%	×20%	19.6 分
	1-2 職種別人員計劃之達成	95%	×10%	9.5 分
	1-3 活動計劃之達成	90%	×10%	9.0 分
	1-4 每月人事考績之實施與公佈	100%	×10%	10.0 分
	1-5 教育計劃之達成	105%	×10%	10.0 分
2. 樹立參與 體制	2-1 主辦勞資協議會	100%	×20%	20.0 分
3. 課員教育	3-1 面對面之教育	100%	×10%	10.0 分
4. 與各部門 之聯繫	4-1 第一工廠主管	100%	×10%	10.0 分
綜合評分		100%		98.1 分

註：①將 100%以上之達成率當做 100%來評分。但是在決定順位或冠軍時，
　　仍要考慮實際達成率。
　　②關於各項達成率，宜附上能證明它之附屬資料後向經理提出。

現在讓我們來看看 A 公司總務部門之人事教育課課長及總務課一女職員之個人別業績責任與業績評價之實例吧，表 11-5-4 所列示的是人事教育課課長之業績責任與業績評價實例。

表 11-5-5 所列示的是，總務課年 21 歲之一般女職員之業績評價實例。

表 11-5-5　A 公司總務課·女職員之業績評價結果之例

總務課課員○○○　　1977 年 7 月業績評價		達成率	份量	評分
1. 年計劃之達成（份量 80%）	1-1 2323 號上個月電話費 1000 日圓之節減	112%	×20%	20 分
	1-2 每月加班時間 10 小時以下	130%	×20%	20 分
	1-3 明信片、郵票費 1500 日圓之節減	124%	×10%	10 分
	1-4 總務部同仁生日會之準備	100%	×10%	10 分
	1-5 會計事務之見習 24 小時	100%	×20%	20 分
2. 整理整頓	2-1 保存文書之置換	95%	×10%	9.5 分
3. 自我業務之擴張	3-1 月別決算之學習	90%	×10%	9.0 分
綜合評分			100%	98.5 分

屬於某個人之電話費即減範圍，則表示某個人要負起該電話費管理之實際責任，而萬一總經理或經理用電話用得太長，她有權加以糾正。即減千日圓，則表示應比過去三個月實績節減千日圓之意思，此目標是由負責之個人本身所設定的。再者，如果三個月內之實績超過目標時，可領超額之三分之一之成本降低獎。這種制度對明信片及郵票一費來講也是一樣的。也就是說這個人就是通訊費中之明信片、郵票費之實施管理負責人。

第六節　部門別業績責任的評價項目

(1)全盤經營之業績責任與評價項目(最高主管用)

表 11-6-1　全盤經營之業績責任與評價項目

以下各項可作為年、每月、最高層主管、個人別限價之參考。

評價項目	評價標準(100%)		份量(100%)
員工總人數	計劃達成率	%	%
總成本	計劃達成率	%	%
總資本	計劃達成率	%	%
銷售額	計劃達成率	%	%
附加價值額	計劃達成率	%	%
純利益	計劃達成率	%	%
附加價值勞動生產力	計劃達成率	%	%
每人純益	計劃達成率	%	%
股本	計劃達成率	%	%
損益平衡點	計劃達成率	%	%
總資產	計劃達成率	%	%
現金存款	計劃達成率	%	%
貼現支票餘額	計劃達成率	%	%
借款	計劃達成率	%	%

(2)銷售部門之業績責任與評價項目

　　對銷售部門全體、銷售部門之各部門、個人別而言，大體上用以下之項目即可。

表 11-6-2　銷售部門之業績責任與評價項目

評價項目	評價基準			份量（100%）
銷售額	達成率	%	份量	%
毛利	達成率	%	份量	%
掛帳部份、之收款	達成率	%	份量	%
應收帳款過期天數	達成率	%	份量	%
新開拓銷售額	達成率	%	份量	%
銷售經費	達成率	%	份量	%
每一銷售員毛利	達成率	%	份量	%
接受訂貨金額	達成率	%	份量	%

(3)生產部門之業績責任與評價項目

對生產部門全體、各工廠、生產部門內之各部門、個人別之評價項目，有如下者。

表 11-6-3　生產部門之業績責任與評價項目

評價項目	評價基準			份量（100%）
製造成本	達成率	%	份量	%
生產量	達成率	%	份量	%
勞動裝備額	達成率	%	份量	%
製成率	達成率	%	份量	%
操作率	達成率	%	份量	%
上班率	達成率	%	份量	%
每小時附加價值	達成率	%	份量	%
材料、半成品之庫存	達成率	%	份量	%

(4)研究開發部門之業績責任與評價項目

對整個部門、部內各部門、各個人來說，大約如下之項目即可。

表 11-6-4　研究開發部門之業績責任與評價項目

評價項目	評價基準			份量(100%)
A 研究開發題目數	達成率	%	份量	%
B 開發促進度	達成率	%	份量	%
C 新開拓銷售額	達成率	%	份量	%
D 專利件數	達成率	%	份量	%
E 研究開發費	達成率	%	份量	%

(5)會計、財務部門之業績責任與評價項目

對整個部門、部門內各部門、各個人來說，大約如下之項目即可。

表 11-6-5　會計、財務部門之業績責任與評價項目

評價項目	評價基準			份量(100%)
支付利息、貼現費	達成率	%	份量	%
總資產	達成率	%	份量	%
現全存款	達成率	%	份量	%
貼現支票餘額	達成率	%	份量	%
借款餘額	達成率	%	份量	%
損益計益	達成率	%	份量	%
資金計劃	達成率	%	份量	%

⑹人事、勞務部門之業績責任與評價項目

對整個部門、部門內各部門、各個人來講，大約如下之項目即可。

表 11-6-6　人事、勞務部門之業績責任與評價項目

評價項目	評價基準			份量（100%）
總人工費	達成率	%	份量	%
總人數	達成率	%	份量	%
上班率	達成率	%	份量	%
總工作時間時	達成率	%	份量	%
活動計劃件數	達成率	%	份量	%
新採用人數	達成率	%	份量	%
無災害天數	達成率	%	份量	%

心得欄 _____

_____

_____

_____

_____

_____

第 *12* 章

年度經營計劃的各種管理辦法

 第一節　企業年度經營計劃的管理辦法

1.總則

⑴為貫徹公司發展戰略，加強公司及各下屬公司經營管理的計劃性，促進各業態持續健康發展，特制訂本管理辦法。

⑵年度經營計劃是公司加強資源宏觀管理、調控投資規模、實現公司發展戰略規劃的重要管理措施，是保證公司資產運營安全、經營管理有序、效益穩步提高的重要手段，也是考核各級管理者的重要依據。

⑶年度經營計劃包括公司和下屬公司及部門兩級，公司按照「統一計劃、分級管理」的原則進行調控和管理。

2.組織和職責

⑴董事會負責審批公司年度經營計劃，聽取年度經營計劃的執行結果。

⑵公司下屬各子公司董事會負責審批各子公司年度經營計劃，聽取年度經營計劃的執行結果。

⑶經營決策委員會負責審議公司年度經營計劃和公司各下屬公司(部門)的年度經營計劃。

⑷主管企管部的副總經理負責審核年度經營計劃和年度經營計劃執行分析報告，並負責向經營決策委員會提交需要審議的年度經營計劃和年度經營計劃執行分析報告。

⑸企管部是年度經營計劃編制組織部門，負責組織各計劃單位編制年度經營計劃，並負責編制公司年度經營計劃。

⑹企管部是年度經營執行管理部門，負責檢查各計劃單位計劃執行情況，並負責編制公司年度經營計劃執行分析報告。

⑺各下屬公司是公司的二級計劃單位，總經理是本公司的年度經營計劃負責人，負責本公司年度經營計劃預案的提出，並組織實施本公司的年度經營計劃。

⑻總部各職能部門是公司的二級計劃單位，部門經理是本部門的年度經營計劃負責人，負責本部門年度經營計劃預案的提出，並組織實施本部門的年度經營計劃。

3.年度經營計劃的內容

⑴年度經營計劃內容不僅包括目標，而且應該包括制訂目標的主要依據和實現目標的主要措施，以及完成計劃的風險分析，預測影響計劃執行的各種不確定因素和補救辦法。

⑵年度經營計劃的主要目標要按季進行分解，必要時還應該按月進行分解。

⑶集團公司的年度經營計劃包括但不限於以下內容。

①業務經營(收入、利潤)目標。

②財務(投資、融資、資金使用)計劃。

③費用計劃。

④網路建設和改造計劃。

⑤人力資源規劃和員工培訓計劃。

⑥公司管理制度建設計劃。

⑷各地市公司的年度經營計劃包括但不限於以下內容。

①業績綜合評價各項目標(詳見《地市公司業績綜合評價管理制度》)。

②財務(投資、融資、資金使用)計劃。

③市場開發(業務開發和客戶開發)計劃。

④費用(營業費用、管理費用、財務費用)計劃。

⑤網路建設和改造計劃。

⑥人力資源規劃和員工培訓計劃。

⑦公司管理制度建設計劃。

⑸財務部的年度經營計劃包括但不限於以下內容。

①財務(融資、資金使用)計劃。

②資產盤點計劃。

③部門費用計劃。

⑹審計部的年度經營計劃包括但不限於以下內容。

①例行審計計劃。

②部門費用計劃。

⑺人力資源部的年度經營計劃包括但不限於以下內容。

①薪酬和福利成本總額計劃。

②公司員工招聘計劃。

③公司員工培訓計劃。

④部門費用計劃。

⑻投資部的年度經營計劃包括但不限於以下內容。

①地市公司整合進度安排。

②資金計劃。

③部門費用計劃。

⑼企管部的年度經營計劃包括但不限於以下內容。

①外派人員選派和培訓計劃。

②下屬公司業績考核計劃。

③部門費用計劃。

⑽辦公室的年度經營計劃包括但不限於以下內容。

①後勤設施投資和改造計劃。

②辦公用品採購計劃。

③部門費用計劃。

⑾技術管理部的年度經營計劃包括但不限於以下內容。

①全省網路規劃。

②技術標準修訂和實施計劃。

③技術調研、開發和試驗計劃。

④項目設計計劃。

⑤部門費用計劃。

⑿運行維護部的年度經營計劃包括但不限於以下內容。

①線路優化改造計劃。

②備品備件需求計劃。

③網路維護計劃。

④部門費用計劃。

⒀網管監控部的年度經營計劃包括但不限於以下內容。

①機房維護計劃。

②備品備件需求計劃。

③部門費用計劃。

⑭工程管理部的年度經營計劃包括但不限於以下內容。

①工程施工計劃。

②部門費用計劃。

4.年度經營計劃的編制

⑴年度經營計劃的編制依據包括；戰略規劃、去年經營實際情況、本年的經營環境。

⑵各下屬公司(部門)於每年 12 月 1 日前向企管部提交本公司(部門)的年度經營計劃(草案)。各下屬公司(部門)應該根據去年經營實際情況和本年的經營環境編制年度經營計劃(草案)，以保證計劃的科學性和可行性。

⑶企管部根據公司的戰略規劃和各下屬公司(部門)的實際情況，在各下屬公司(部門)年度經營計劃(預案)的基礎上編制各下屬公司和部門的年度經營計劃(預案)，並於每年 12 月 10 日前向負責企管部的副總提交計劃。

⑷負責企管部的副總於每年 12 月 15 日前完成對各所屬公司(部門)的年度經營計劃(預案)的審核工作，並負責提交經營決策委員會審議。

⑸公司經營決策委員會於每年 12 月 31 日前完成對各所屬公司(部門)的年度經營計劃(預案)的審議工作。

⑹各所屬子公司外派小組組長、分公司總經理、部門經理均列席經營決策委員會，參與年度經營計劃(預案)的討論和審議工作。

⑺各下屬公司(部門)根據經營決策委員會的審議意見，於每年 1

月 10 日前完成各下屬公司(部門)的年度經營計劃(建議案)的編制工作。

⑻企管部根據各下屬公司(部門)的年度經營計劃(建議案)，於每年 1 月 15 日前完成公司年度經營計劃(預案)的編制工作。

⑼各下屬子公司董事會於每年 1 月 31 日前完成各下屬子公司年度經營計劃(建議案)的審批工作，各子公司根據董事會決議編制出年度經營計劃(決案)，並報送公司企管部存檔。

⑽企管部根據各下屬公司的年度經營計劃(決案)，於每年 2 月 5 日前完成公司年度經營計劃(建議案)的編制工作。

⑾董事會於每年 2 月 15 日前完成對公司年度經營計劃(建議案)的審批工作，企管部根據董事會決議編制出年度經營計劃(決案)，並將年度經營計劃(決案)發送至各下屬公司(部門)。

⑿各所屬子公司董事要敦促子公司按照統一時間要求完成年度經營計劃的編制、修正和審批工作。

5.年度經營計劃的執行管理

⑴企管部統一負責公司年度計劃執行管理工作。

⑵在公司經營環境發生重大變化而導致計劃與實際情況出現明顯不符時，公司企管部可以提出年度經營計劃調整議案，經由主管副總經理審核和公司經營決策委員會審議，並報董事會審批後執行。

⑶企管部要經常性瞭解和考察各下屬公司的年度經營計劃的執行情況，並提出相應的建議，以幫助下屬公司更好地完成年度經營計劃。

⑷企管部建立計劃執行情況報告制度，各二級計劃單位於每月 5 日將本月計劃執行情況向企管部提交書面報告。

⑸各所屬子公司董事長必須責成所轄子公司於規定時間內將計

劃執行情況向公司企管部提交相關書面報告。

⑹企管部綜合各二級計劃單位提交的經營計劃執行情況分析報告，於每月 10 日前，編制出集團公司的經營計劃執行情況分析報告，並向主管副總提交。

⑺主管副總負責審核經營計劃執行情況分析報告，並向經營決策委員會提交報告。

⑻經營決策委員會每月召開一次經營計劃分析例會，討論經營計劃執行情況分析報告，分析經營實際和經營計劃產生偏差的原因，並商議糾正偏差的措施。

⑼企管部經理、各下屬子公司外派小組組長、分公司總經理、總部部門經理列席經營決策委員會召開的經營計劃分析例會。

⑽企管部根據經營計劃分析例會的會議決議，編制成各二級計劃單位年度經營計劃糾正措施，並發放到各二級計劃單位。

⑾公司各二級計劃單位負責人負責落實年度經營計劃糾正措施，確保年度經營計劃的全面落實。

第二節　月經營計劃的管理辦法

1.目的

建立計劃管理體系和業務流程，暢通信息傳遞管道，快速靈活地適應市場變化，提高計劃的嚴肅性和管理水準，確保計劃完成。

2.原則

⑴集中決策、分層管理、有效控制、嚴格考核的原則。

⑵以銷定產的原則。

⑶快速反應、快速適應市場的原則。

⑷動態調整的原則。

3.適用範圍

適用於公司月經營計劃的制訂及調整管理程序。其他如旬度、三日滾動、臨時計劃等相關計劃也可參照執行。

4.內容及要求

⑴計劃制訂管理程序。

①每月計劃例會召開前兩天，銷售部負責根據產品資源情況將下月銷售計劃和需求計劃建議報綜合管理部，由綜合管理部匯總後報會議主持人。

②在計劃例會上討論、確定下月生產計劃。生產計劃確定後後續工作按下列程序執行。

a.計劃例會召開後 24 小時內，銷售部負責將下月需求計劃的具體品種、數量及銷售價格報綜合管理部。

b.綜合管理部將需求計劃審核、存檔後轉發生產部，並根據計劃

品種附對應的結算價格表將需求計劃轉發財務部。

　　c. 生產部依據綜合管理部轉發的需求計劃在計劃例會結束後 2 日內完成下月生產計劃的編制（品種、數量要與需求計劃一致），經分管副總簽發後發到公司有關各相關單位。

　　d. 財務部依據綜合管理部轉發的需求計劃測算下月財務指標和成本費用控制指標，並在計劃例會結束後 3 日內將上述指標報綜合管理部。

　　e. 綜合管理部負責將生產計劃、財務指標和成本費用控制指標在經營計劃中下達，並嚴格考核。

　　f. 具體管理流程見月經營計劃制訂管理流程圖。

　　⑵計劃調整程序。月計劃執行中如需調整，調整程序根據以下三種情況確定：下次計劃例會、公司決策、市場突變。

　　①計劃例會。

　　每月計劃例會召開前兩天，銷售部負責將當月銷售調整計劃和需求調整計劃建議報綜合管理部，由綜合管理部匯總後報會議主持人。

　　在計劃例會上討論、確定當月生產調整計劃，生產調整計劃確定後後續工作按程序執行。

　　②公司決策。公司決策是公司根據市場及資源情況作出的計劃調整決策，其調整程序按計劃例會計劃調整程序執行。

　　③市場突變。市場突變是市場實際運行情況與預測情況有較大差距，銷售部在做深入分析後提出計劃調整建議，經分公司行銷經理審核後報總經理批准，其調整程序同樣按計劃例會計劃調整程序執行。

　　④具體管理流程見月經營計劃調整管理流程圖。

5.考核細則

　　生產計劃和綜合計劃下達後，各部門要嚴格按程序執行。若出現

違規現象，致使計劃執行產生混亂，影響計劃完成，公司將視情況對
責任單位負責人處以 50～500 元罰款，並視對企業造成的影響程度加
重處罰。

圖 12-2-1　月經營計劃的制訂管理流程圖

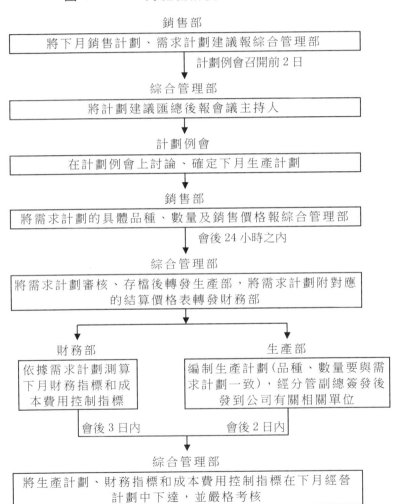

圖 12-2-2　月經營計劃的調整管理流程圖

銷售部
> 將當月銷售調整計劃、需求調整計劃建議報綜合管理部

計劃例會召開前 2 日

綜合管理部
> 將調整計劃建議匯總後報會議主持人

計劃例會
> 在計劃例會上討論、確定當月生產調整計劃

銷售部
> 將需求調整計劃的具體品種、數量及銷售價格報綜合管理部

會後 24 小時之內

綜合管理部
> 將需求調整計劃審核、存檔後轉發生產部，將需求調整計劃附對應的結算價格表轉發財務部

財務部
> 依據需求調整計劃測算當月財務指標和成本費用控制指標

會後 3 日內

生產部
> 編制生產調整計劃(品種、數量要與需求計劃一致)，經分管副總簽發後發到公司有關各相關單位

會後 2 日內

綜合管理部
> 將生產調整計劃、財務指標和成本費用控制指標在當月經營計劃中下達，並嚴格考核

第三節　季經營分析的會議管理辦法

1.目的

為及時溝通、傳遞信息，提升公司經營管理水準，落實工作並持續改進，公司決定推行經營管理分析會，特制訂本規定。

2.使用範圍

本規定適用於公司及全資子公司經營管理季分析會議。公司季召開全面的經營管理分析會，月透過「績效計劃回顧與溝通會」對公司經營管理進行分析和決策，部門可參照本規定制訂相關的經營分析會議。

3.職責

⑴總經理對各部門經營分析報告提出質詢，針對目標及問題提出改善要求。總經理召集和主持經營分析會議，整合問題、建議要求並引導形成決議。

⑵各部門負責人報告本部門運作，接收質詢並提出部門解決策略與計劃。

⑶經營分析會議參加人員提前熟悉會議需要討論的內容、參與質詢、提議決議並認真執行會議決議。

⑷總經理助理負責收集會議材料、匯總會議提議、分發會議資料、做好會議記錄、整理會議決議、編制會議紀要、會議決議跟蹤督辦等。

4.管理要求

⑴公司經營管理季分析會議（以下簡稱季會）於每季後首月 20 日

召開。具體會議時間、地點由總經理助理提前三天發出會議通知。會議有推遲或取消的，總經理助理及時通知與會人員。

⑵經營分析會議參加人員為公司一級（含一級）以上管理人員，需要其他人員出席或列席會議的，以發出的會議通知為準。

⑶經營分析會議報告內容及時間要求。

①經營管理季分析會議聚焦於業績檢討、數據分析、決議提議及問題解決，內容包括以下 6 個方面。

・上季 1cPI 完成情況回顧與分析。

・上季 GS 完成情況回顧與分析。

・上季其他工作重點工作回顧與分析。

・所負責領域經營管理分析及決議。

・上季主要問題分析及策略、計劃提議。

・需要其他部門協助解決的主要問題。

②財務總監負責撰寫公司整體經營分析。分析報告於每月 18 日提交總經理審核，修訂後於 19 日發總辦成員以及一級以上部門負責人，並於季經營分析會上報告。報告內容包括以下 3 個方面。

・公司主要目標達成情況分析。公司級指標與「去年同期、必保目標、挑戰目標」對比以及差異原因分析。

・其他關鍵指標分析。

・主要問題異常分析及策略、計劃提議。

③報告時間控制：各部門負責入主講 50 分鐘，如有問題提前和總經理溝通。

⑷經營分析會議會前準備。

①與會人員應提前 3 天將會議報告材料發給總經理助理，由總經理助理收齊後統一轉發總經理。

②總經理助理根據各部門提交報告匯總「需要其他部門協助解決的主要問題」(以下簡稱提議)並提交給總經理審核。

③總經理根據報告內容提前和提交人進行溝通。

④總經理助理提前 1 天將總經理審核報告及提議發給與會人員。

⑸經營分析會議議程。

①會議主持人通報上次會議決議完成情況。

②按以下順序進行報告分析。

‧公司整體經營情況分析。　‧研發中心運作分析。

‧物資供應運作分析。　　　‧投資發展運作分析。

‧財務運作分析。　　　　　‧人力資源運作分析。

‧行政後勤運作分析。

③總經理與與會人員根據需要對各部門運作提出質詢。各部門相關人員應即時做出回應,分析原因並提出改善策略,能明確計劃的儘量在會上明確。

④總經理助理整理會議提議的內容,並提交會議討論,形成會議決議。

⑤總經理作會議總結。

⑥總經理宣佈會議結束。

⑹總經理助理編寫會議紀要並於會後 2 天內報總經理批准後發佈。

⑺總經理助理負責會議決議督辦並將會議完成情況於下次會議召開前提交會議主持人。

第 *13* 章

企業經營計劃的實例

第一節　誤認諾基亞已死，它重回世界第二

2015 年諾基亞公司宣佈併購阿爾卡特朗訊，2016 年完成並且全年營收超越愛立信成為全球第二大通信設備製造商。諾基亞是一家偉大企業，他的歷史就是一個典型的企業轉型重生之路。

在他 150 年的歷史中，保守和封閉的戰略讓諾基亞多次瀕於破產邊界，但聚焦與併購的戰略也讓他屢屢化險為夷，重回巔峰。

對諾基亞 150 年歷史幾次重要的戰略轉型進行回顧和分析，初步探討了成功企業背後的必經之路，為企業發展提供了一個經典案例。

第 1 戰：由木漿公司轉為多領域的集團公司

1865 年芬蘭 Espoo 的諾基亞河畔，採礦工程師弗雷德里克‧艾德斯坦創辦了諾基亞公司，主營業務為木漿與紙板，之後逐步進入膠鞋、輪胎、電纜等領域。到 1967 年，諾基亞已經成為橫跨造紙、化工、橡膠、能源、通信等多領域的大型集團公司。

第 2 戰：砍掉附庸，集團公司聚焦成手機帝國

到 20 世紀 90 年代，低端產業逐步轉移到東南亞等資源豐富且勞動力廉價的第三世界國家。1992 年，時任總裁奧利拉作出公司歷史上第一次最重要的戰略轉型——剝離橡膠、膠鞋、造紙、家電等瀕臨破產的底端產業，專注於電信業。而此電纜事業部脫穎而出，並逐步轉型為一家新型科技通信公司.到 1996 年,諾基亞已經成為全球移動電話的執牛耳者，而且連續 14 年佔領市場第一的寶座，令人咋舌！

第 3 戰：拒絕開放，帝國傾覆

2011 年，由於長期堅守「塞班」這個封閉的智慧作業系統，諾基亞手機被蘋果和安卓系統超越，錯失世界第一的寶座。諾基亞在短暫的嘗試了自主研發作業系統 Meego 後,宣佈了第二次重要的戰略轉型——拋棄主流的開放式作業系統，選擇與微軟深度合作。但事與願違，僅僅過了 2 年，諾基亞手機帝國徹底顛覆，曾經的世界第一品牌被以 37.9 億歐元的超低價格出售給了微軟公司。

第 4 戰：重新聚焦創新，併購搶佔市場

雖然在手機業務失敗，諾基亞堅守的另外一塊業務卻沒有放棄——通信設備製造和解決方案。2010 年諾基亞西門子通信公司宣佈全資收購了美國摩托羅拉通信公司及其全球業務，2014 年完成了對合資公司諾基亞西門子通信公司中西門子所持的 50%股份回收,2015 年宣佈以 166 億美元收購全球主流通信設備商阿爾卡特朗訊通信公司，同年以 28 億歐元出售非主營業務 Here 地圖。

2016 年各大公司財報顯示，全球通信設備及解決方案提供商中，中國的華為公司收入 751 億美元成為行業第一，諾基亞公司收入 249 億美元排名第二。

一葉而知秋，通過對諾基亞公司 150 年重大事件的盤點，可以瞭

解戰略選擇對於一家企業的重要性，有的時候甚至是致命性。戰略成功，可以鑄就世界第一；相反也可以毀掉世界第一，諾基亞手機帝國在 2 年內迅速倒塌就是典型的案例。所以比爾蓋茨曾發出了「微軟離破產只有 18 個月」這樣的警句。

1.危機時及時聚焦戰略選擇

從時間軸可以看出，諾基亞共遇到過 2 次重大危機。第一次是在 20 世紀 90 年代初，諾基亞集團通過剝離不良資產，擴大手機市場到北美、亞洲和非洲，成功擺脫危機。第二次是在 2013 年左右，諾基亞出售手機業務，全面調整 20 年前的戰略，聚焦通信設備。

2.鼎盛時更需及時更新企業戰略

早在 2000 年初，諾基亞就已經開發出了全觸屏手機。但是諾基亞高級管理層還沉浸在世界第一的榮耀中，以及引以為傲的手機砸核桃這樣的耐用性能，在最鼎盛時沒有及時更新企業戰略。而此時消費者已經把目光轉向了手機上網、互聯互通、掌上娛樂功能，最終用戶把票投給了蘋果和安卓。

3.通過產業併購加速企業發展

諾基亞在企業創業之初的快速發展和賣掉手機後的二次復蘇，除了正確的戰略方向以外，更是運用了產業併購擴大了企業規模，形成市場效應，快速發展。

諾基亞戰略轉型之路對企業的啟示，幾乎所有的中國企業都有著做百年企業的夢想，但是在風雲變幻的世界經濟大潮中，又有哪些經驗可以從諾基亞的戰略轉型之路上借鑒呢？

即使做到世界第一，如果戰略過時，企業仍然會被市場無情的拋棄。諾基亞前 CEO Jorma Ollila 在回憶錄中坦誠，公司在最鼎盛時，不願調整戰略，內部官僚作風盛行，忽視競爭對手的創新與市場需求。

　　如果公司高層躺在光榮的歷史中懈怠，不願創新或者主動瞭解最新行業發展，特別容易形成一種內部惰性和政治鬥爭，中層和基層的創新以及對市場一線的回饋無法觸達高層。

　　傳統產業資訊化已經很多年，幾乎所有的產業都處於轉型調整期，而且調整週期越來越短，有些機會轉瞬即逝。因此公司高層要居安思危，保持企業活力和戰略敏感性，定期做全方位的市場洞察，把握產業動態。

　　企業在自身發展的不同階段或者在產業發展的不同時期，戰略的定位和選擇是不同的。戰術的勤奮無法掩蓋戰略的懶惰。即使戰略的調整是痛苦的，甚至伴隨著血與淚，但企業在必要的時候只有成功戰略調整，才能打開新的局面。

　　著名企業家的成功要素有一條就是「殺人如麻」，通過制度解決掉任何阻礙公司發展的人員和部門。諾基亞 2013 年揮淚出售手機業務，2015 年出售 Here 地圖業務後，全球數萬名高級管理人才和研發工程師被轉移到微軟和其他公司，隨後陸續被裁員解聘。但伴隨著公司戰略的調整，諾基亞在專注通信設備和解決方案後，也逐漸回到了行業第二的寶座。

　　「汽車之家」網站在 2005 年開始正式運營，到 2008 年就已經突破了 3000 萬的訪問量，2011 年突破 1 億訪問量，2013 年在美國紐交所成功上市。在互聯網行業向移動互聯網行業轉型的大潮中，「汽車之家」始終佔據汽車媒體的頭把交椅，依靠的就是對用戶需求的敏銳洞察。當用戶從電腦中解放出來，每天花 2 個小時放在手機上的時候，他的戰略也及時的轉變到移動端，在資訊內容上也朝著碎片化流覽方向轉移。

　　企業壯大，和所在行業的發展、世界經濟的潮起潮落都有這種藥

關聯，但排除掉這些客觀因素以外，合理的企業併購與資本運作是一家公司迅速崛起的必要條件。而在中國，併購重組不僅是國企改革和民營企業生存的重要方式，更是產業結構的調整和產業升級的的轉化必經之路。

美國最成功的科技企業——思科公司的發展歷史，就是通過與資本合作，不斷併購壯大的歷史。在它 33 年的企業歷史中，一共併購了 202 家企業，平均每年併購 6 家企業，其公司市值最大超過了 5000 億美元。思科的 CEO 錢伯斯甚至還為其併購制定了五條經驗：併購公司與思科發展方向相同或互補；被併購公司員工能夠成為思科文化一部分；被併購公司長遠戰略與思科吻合；企業文化與思科相近；地理位置接近思科現有產業點。

當人們還在為諾基亞帝國沒落感慨時，諾基亞早已經完成華麗轉身，快樂的數錢去了。因此企業應該吸取同行業乃至全球其他優秀公司的經驗，戰略洞察應深入市場，及時把握產業變化，以客戶需求為根本驅動，以創新為實現形式，該戰略聚焦和轉型的時候就要大刀闊斧，剝離淘汰的產業，發展優勢戰略。企業在深入研究產業的同時，應積極引入併購機制，加速企業轉型或者獲取某項特殊技術、人才和市場，在資本市場通過市值管理的方法擴大公司規模。

第二節 岡崎丸產公司的特色

岡崎丸產公司是 1957 年創立,產品有:味噌、醬油、食用酢等。1963 年以來,已有許多次,均以優良企業而受到中小企業廳的表揚。1965 年以來,更是連續被指定為模範工廠。

再從 1966 年以後連續獲得「日本全國味噌技術會國品評會」最佳獎、酒類調味食品評會首席金牌獎等事實看來,無論那一方面,都可說是中小企業的模範企業呢。

它熱心地接受過愛知縣企業合理化指導所的診斷指導。其懂得近代經營法的總經理以下全體員工之實踐,雖在 1962 年後的味噌需要量激減時期,仍舊創造著 30%左右的成長率。

工廠的主要工程均已自動輸送化,工廠中還張貼有「氣憤時,請多想一想」的標語。他們已實施權限委託與預算控制。他們組織有服務顧客的商店經營研究會,還有專為消費設置的家庭俱樂部等。在愛知縣下佔著第三把交椅。

他們的這一股力量,是總經理之卓越的近代經營精神與全體員工所結合起來的,同時也是他的經營方針與經營計劃所結合起來的推動力量。經營上的困難問題,也不例外的堆積許多。但是,岡崎公司有勇於解決的精神。他們根據年度計劃,指望著明日每年都在改進經營,這也是岡崎的一大特色。

他們首先向西德輸出豆醬。1970 年 8 月 10 日,NHK 教育電視「今後的中小企業」節目中,曾介紹過岡崎公司,及其年度計劃出預算控制。

一、本公司的概況

1. 最近的品目別銷售額

最近的品目別銷售額，如表 13-2-1 所示。

2. 經營計劃之概況

(1) 營業

① 為增加銷售之地區市場化，由點至線之戰略。

② 擴大市場佔有率及加強系列別主力製品。

③ 加強名古屋與東京之營業。

(2) 財務會計

① 以附加價值為中心的利益分配法。

② 加強預算控制。

③ 徹底實施庫存管理。

④ 追求邊際利益率。

表 13-2-1　最近的品目別銷售額

年別 品目	1965.10～66.9	1966.10～67.9	1957.10～68.9
(1)豆醬	91.772	96.186	146.270
(2)大豆醬油	1.637	2.009	2.123
(3)酢	741	521	811
(4)其他		37.320	51.631
	94.150	136.036	200.838

(3)生產

①創造全國第一的品質。

②全公司性的降低成本與合理化。

③提高循環率。

3.生產管理概況

(1)詳細的生產計劃

①在期初的部課長會議中制訂生產計劃，依照生產計劃從事生產。

②於每月 15 日的生產會議中，制訂次月的生產計劃。計劃書副本須提交給財務管理課，財務管理課用以資材預算、資金計劃查核，擬定次月的原材料、包裝資材的採購計劃。

③每星期六均須擬定下星期的計劃，保持原料與裝貨桶的預定量，然後再定更詳細的日程計劃。

(2)徹底的工程管理

決定了月份的生產計劃之後，管理股即須製作進度管理表，擬定日程計劃、作業分配、調查進度等。若發現有延遲時，須與有關的股長洽商，追究原因、研擬對策，加以改善。尚鬚根據業務課所發行的受訂傳票與工廠現場的生產日報、調節進度等等。

(3)締造最佳品質的品質管理

日本酒類調味品品評會審查委員長，東京農大名譽教授住江金之博士，也贊口不絕地說：「丸產的豆醬不僅是好吃，他之所以能獲得金牌獎，或許可以說是他做出了適合現代食生活之味道與品質的緣故吧。他放出那種味道的一番努力，已受到人們的賞識了。」

本公司所購進的原料，都要經過嚴密的重量檢查、外觀檢查、水份檢查，然後決定個別的儲放方法。又，為生產一定品質的製品，作

業標準書中載有品質標準之用的技術標準，檢查人員須依原料→浸清
→蒸煮→製作→儲放→醞釀等各工程別，製作品質管理表，每天都要
採收樣品檢查。此外，還要根據研究室所發行的半製品分析表決定配
合比例，在製品化之前，還須與標準樣品比較，並檢查色澤、硬度、
味道與香氣，將之記入檢查表中。

⑷生產關係之事務制度

①每月分析統計品種別庫存、生產與銷售。

②統計分析原材料、副原料、盤存、採購、使用額等。

③品目別成本計算。

④各種日報、月報。

4.銷售管理概況

⑴按照年次銷售計劃，把月間銷售目標與回收目標依製品別、部
門別、個人別分配，並與實績核對。

⑵推銷員每週製作星期日程表,把星期中的聯絡對象與派車計劃
列入外交計劃或實績表中。手須勤寫、口宜善講，腳要多跑(用車子)，
要依照調查行事，這是推銷員的行動方針。

⑶每週都要提出銷貨與回收的實績，並加以檢討。

⑷調查賒賣的年齡，努力促進回收，以便提高週轉率。

⑸採取往來客戶別賬的交易額管理，沒有賒賣帳或銷貨帳，一切
都用票制傳度，而且已經 One Writing 化了。

⑹區域別銷貨額管理，品種別銷貨額管理，退貨管理等，都做得
很徹底。

5.勞務管理的概況

⑴依照年度利益分配集體共榮主義

按照年度計劃，明確地提出來。

表 13-2-2 1970 年方針發表會

(1969 年 9 月 25 日於岡崎會館)

			時間
1	致開會辭	熊谷副經理	1.00~1.02
2	合唱公司歌	全體員工	1.03~1.06
3	總經理致詞並發表 第 15 期經營方針	總經理	1.07~1.37
4	發表各部方針		
	(1)總務部	石田專務及其他	1.38~1.50
	(2)營業部	鍋田經理及其他	1.51~2.01
	(3)名古屋營業所	稻吉所長	2.02~2.12
	(4)豐橋營業所	鍋田所長	2.13~2.20
	(5)東京營業所	小野所長	2.21~2.28
	(6)製造部	森川經理及其他	2.29~2.40
	(7)丸產商事	杉浦經理	2.41~2.50
5	宣　誓	佐藤股長	2.51~2.55
6	講　話	竹山正憲顧問	2.56~3.35
7	致閉會辭	光田副課長	3.36~3.37

表 13-2-3 公司根本方針

1. 我們要提供較社會所要求的更具價值的製品。

2. 我們為顧客服務為股東利益，要改進工作環境提高員工生活水準。

3. 我們要以適當的利潤鞏固企業的基礎。

表 13-2-4　經營概念

我們要以顧客歡迎的工作增進員工的幸福，期待公司之發展與繁榮。 我們要與信奉此一觀念及互相信賴的員工： 一、站在顧客的立場從事工作。 二、為提高全體員工的生活而工作。 三、為公司之成長與安全而努力。 因此，我們經營的基本觀念，要求此三項利益經常一致，進而為社會提供服務。

(2)勞資關係

勞資一體共同為提高員工生活及公司的發展而努力。亦為增進縱橫的關係而努力。現在除各工作單位的團體會議之外，倘有全體員工所組織成的交誼會。又，青年股長會議的組織，更加強了勞資關係的聯繫了。

(3)工資體制

目前採用職能薪制，推銷員則另有獎勵金制。

＜經營基本綱領＞

1. 岡崎丸產要結合全體員工的知惠與力量，正確地把握需要的動向與要求，並滿足市場所要求之需要而不斷創造新的需要，以發展公司。

2. 岡崎丸產必須成為全體員工、全體客戶，以及全體需要者所不可或缺的公司，同時還要成為不辜負他們期待的公司。為此，我們必須懷抱美好的人性關係，以堅強的精神與無限的熱情，積極地展開行動。

3. 為要實現全國第一的模範企業之理想，我們必須達成比經費上

升率更高的銷貨上升率，比銷貨上升率更高的純利益上升率。為此，每個人必須在各自的工作崗位上，以創造成果、熱心工作為後條，積極地進行有價值的工作。而後依照純利益額實施利益分配，實現足以誇耀工作之樂趣與高工資的一種企業。如此，既可以達成高工資、高效率的理論，同時還可以充實公司，使公司之繁榮與員工個人的幸福，完全吻合一致。

4. 我們要使全體員工或往來客戶充分理解岡崎丸產的經營方針、目標與計劃，以成為業界中最進步的近代企業。

5. 岡崎丸產要發掘錄用，並培養公司發展所必須的有為的人才，確立人員少、工資多、工作多，可以充分發揮能力的實力主義，以創造永遠發展不停的公司生命。為此，每個人都須要設法突破本身實力的限度。

二、年度的方針與目標

(一)年度的方針與目標
1. 利益之提高
利益之提高為要突破經濟危機，防衛自己的生活，安定自己的社會，請以利益第一的觀念從事行動吧。請銘記，無利益的行動，對於破壞自己的生活，有極其密切的關係。

2. 創造獨特的製品
請重視創造能力，提高技術，俾使岡崎製品隨時隨地都能受人歡迎。為創造獨特的製品，讓我們把無限的創造能力結合起來吧。

3. 預算控制、成本管理
以徹底實施庫存管理、追求合算性，並運用預算控制、成本、品

種整理等，積極的推行均衡發展的企業。幾是無益的行動，無益的事務，無益的庫存、無益的品種等，須一概予以揚棄。

4.計劃、實行、檢討

計劃須付諸實行，實行之後，須就其結果進行檢討。檢討所得之結果，須於次一行動中付諸實施。我們要如此的不斷地檢討自己。一有發現就須立即應用。不能以留待明天做為藉口而怠慢。

5.加強教育訓練

我們要從訓練教育中鍛鍊自己的品性，切記實現目標，達成預定的計劃。又，下年度起，全體員工須以愉快的心情繼續工作，以最少的人力完成最多的工作量，創造豐富的生活。

(二)1971 年度的基本目標

1.提高生活的目標

⑴提高達成目標 100%時的加薪，是以加 15%以上為標準，這個規定因實際工作情形而有 5～30%的伸縮性。

⑵達成目標 100%時的獎金，是以月入之 80%之 4 個月份為年間標準，這個規定因實際工作情形而有 2～7 個月的伸縮性。

⑶達成目標 100%以上時，須特別給予巨額的利益分配。

2.基本利益目標與銷售目標

⑴純利益目標	25457 千元
總銷售目標對比	％
銷售毛利	％
銷售費及管理費計	％
營業利益	％
營業外收入	％

(2)銷售目標　　　　　　　　　　　　　　368950 千元

(3)總資本週轉率，以每年二次以上為目標。

3.純利益 25457 千元之目標

(1)為要提高員工的生活水準與發展公司的前途，員工每人每月必須達成 32 萬元以上的銷售額，年間則必須達成 265 千元以上的純利益。公司員工每月平均定為 95 名，要徹底實施人數少而成果多的經營。

(2)薪資視工作性質而定，為勉勵工作熱情，將提高推銷員的比例薪與一般的比例薪。

表 13-2-5　總資本週轉率

品種＼項目		生產數量	銷貨數量（噸）	銷貨金額
十十	A	噸	（對上年度比約增 2%）	千元
	B	"	"	"
	C	"	"	"
	小計	"	"	"
○　○		"	"	"
△△△		"	"	"
自家製品計				
其他公司商品				
合　計				"（對上年度比約增 25%）

4.利益分配目標

⑴凡達成純利益目標 25457 千元時，利益處分方法如次：

處分項目	金　額	備　註
特別決算獎金(分配給員工)	千元	
課稅對象利益	千元	
稅捐(分配給社會)	千元	
稅後利益	千元	
股利(分配給股東)	千元	
清償借款	千元	
轉結下期職員獎金	千元	

⑵實施商品別部門合算制，每隔三個月即嚴密檢查一次。以預算控制為武器，每月加強確保利益。

未達成 20000 千元利益時，取消特別決算獎金。

⑶依照所達成之純利益額，採用下記的特別分配法。

達成利益額	⑴之特別獎金	
20000～22000 千元	定為	800 千元
22000～23000 千元	〃	1000 千元
23000～25457 千元	〃	1300 千元
25457～30000 千元	〃	2000 千元
30000 千元以上	〃	3000 千元以上

⑷在年度目標中，銷貨與回收均達成 100%的營業部員及部課長所推薦同數目之營業部外人員，可得特別旅行的三天休假，以及所需

之費用。

⑸設置以達成短期目標為條件的特別休假。

①達成 10、11、12 三個月之合計利益目標者，准予春季慰勞旅行一次，其後每月再准一日之特別休假。

②達成 10 月～3 月之合計利益目標者，准予 5 月 2 日、3 日、4 日特別休假三天。

③達成 10 月～6 月之合計利益目標者，准予 7 月或 8 月之夏季期間，特別休假四天。

5.為使新製品之創造確實收到意義，應著力於開發與情報管理。

6.增進員工之幸福與提高能力之目標。

⑴繼承上期繼續鞏固海外旅行的基礎。

⑵實施員工的國內研修旅行。

⑶為提高能力，須加強技術訓練與德性之涵養。

⑷須研究實施員工的房產制度以及其所須的貸款制度。

⑸研究加入中小企業退休互濟合作社。

⑹除技術訓練、德性涵養可以提高員工能力外，其他與賞務相關之種種競賽與技能測驗，亦足以提高員工之能力。

7.工廠近代化與設備合理化目標

⑴一如方針所指示的，今年的近代化必須慎重研討五年計劃，制訂出治本的計劃。

⑵今年的合理化投資，須抑制於 200 萬元以內。我們內部須儲備推動近代化的力量，以為實施五年計劃之用。

①設備合理化計劃

自本年起的 4 年計劃中

本身資本	積 30000 萬元
自所屬其他公司	3500 萬元(轉變公司債)
近代化資金	3500 萬元

一共 1 億元，擬用以計劃設備之更新與合理化。

8.高級品銷售目標

表 13-2-6　高級品銷售目標

商　標　名	％	平均單價	數　量	銷售目標金額
×××(包括 D)	60%	a100	噸	21000 萬元
×　　×	20%	a 80	噸	5600 萬元
其　　它	10%	a 70	噸	4900 萬元
合　　計	100%		噸	

(三)1971 年度的經營方針

1. 貫徹經營觀念，繼承前期之實績，繼續力行下列諸項

(1)懼思熟慮、細心計劃，果敢實行。

(2)依照成果與工作分配利益。

(3)公私要辦明、人事要公平、勵行實力主義、信賞必罰主義。

(4)要為工作而感到樂趣，須自公司之工作而領悟人生之意義。

(5)創造活潑快樂的工作環境。

(6)凡有意義的即須加以愛惜，以發覺幸福。

2. 實施權限委託，推行有責任的職務工作

(1)除職責上非要自己負責不可者外，其餘的必須委託給部屬，由部屬去達成任務。

(2)一旦委託過權限之後，即不再干涉。但，報告別仍須呈遞。錯

誤、損失或走極端等事，亦須給於指示。另外須銘記的，即最後的責任仍是上司個人的。

⑶凡自發自動，能負責又能締造偉大成果的人，可把大量權限委託給他。相反的，凡是怠惰而不能負責的人，則不能將權限委託給他。

3. 利益本位的組織運用

⑴為達成利益目標，須確立有效的組織，作有彈性的運用。

⑵支配組織，運用組織的人，不外是一個一個的人。把組織活化起來吧，揚棄偏見、揚棄小團體的劣根性或無謂的感情，彼此互信團結合作，以解決問題，達成成果。

⑶須以實質本位、成果本位編制組織。

⑷本年度將根據上列方針，如另表的編制組織。

4. 確立公司所應邁進的方向

⑴業界接受中小企業近代化促進法的指定，預料將於近期內實施重編。面對著這一情勢發展，本公司的近代化措施以及其方向，益發顯得重要了。本年度須慎重而仔細地研討經營的近代化政策，實施近代化政策。

⑵確實確立工廠設備之近代化、製品政策、經營規模政策、銷售政策，在新的構想下奠定長期計劃的基礎。

⑶公司的這些方向，就是從中小企業邁向中堅企業的方向，這些方向是今年度所不能或缺的一個里程碑。

(四)各部課方針

1. 營業部方針

基本方針：

我們要以不屈不撓的精神，達成親和與目標，為提高丸產公司的

存在價值而努力工作。

⑴要在美好的人性關係之下，建立強力的推銷體系。

⑵要以誠實的勤快提高門市的週轉率。

⑶要將重點放在消費者政策上，專心於指名度之高度化。

具體方針：

⑴代銷商對策

以互相諒解，互相受益為宗旨，優先考慮既存權，強力推行地區代銷商的開發培養。

⑵零售商對策

把客戶分組，規定每月最少必須訪問 2 次，最多 3 次。並採取最有機動性的銷售，隨時注意零售門市的商品循環，增進其銷售量。

⑶消費者對策

注意培養下一代的消費者，使之直接認識本公司製品，認識品質之優異性與特異性，並使之愛用本公司製品，發生親近感與安全感。

⑷設定主要的銷售品目

①袋裝物：以××、××、××為主力製品。

要以××為大眾製品而銷向市場。

②瓦楞紙製品：要以××、××為主力製品。

⑸回收政策

目標是應收帳款之 80%以上，本月銷貨之 105%以上。

⑹教育訓練

①要使推銷員具備營業員的自覺，要使大家以丸產員工而引以為榮。

②要使全體人員輪流參加種種講習會，培養營業員應有知識與使命感。

（註：諸計劃表從略）

2.本公司銷售課之方針

基本方針：

為達成利益目標，希望能達成銷售課所分擔的數目。

具體方針：

(1)對代銷商系列下之銷售店之促進銷售。

(2)零售商對策

以本公司之佔據率較低地區為對象，作重點性的擴大銷售。

(3)開發新客戶

①一個月之新開發客戶　　　二家以上

②一個月之新商標開發　　　××公斤以上

（註：諸計劃表從略）

3.豐橋營業所方針

口號：

懷著新的熱情與希望前進！

基本方針：

為達成利益目標，希望能達成豐橋營業所所分擔的數目。

具體方針：

(1)銷售方針

·已設銷售店之培養

已設優良銷售店當然須要繼續支持，不過，凡月平均交易量在10000元左右的 B、C 級銷售店，也須要設法增加交易量。

·袋裝品、杯裝置

青果關係擴大銷品之擴大銷售。

設售專門負責人，配合豐橋的轉貨代銷商，擴大推銷本公司裝品。

斷然推行體質改善，使各個都成為新的優良交易店，以增進銷售與回收之效果。

・濱松地區

須努力培養第 14 期後半期所開發的代銷店。

・對婦女們的擴大銷售政策

依農協單位向區域婦女會推銷，經由烹調講習會而擴大銷售。

・開拓新客戶

把××至××地區之空間區指定為重點開拓地區，年度目標定為××噸。

⑵回收方針

完全管理回收情形不良之店鋪。

回收不良之店鋪，應由推銷員作徹底的銷售店庫存管理，全面停止銷售其他公司製品，即使是本公司製品亦不能做過於勉強之銷售。應逐漸走向正常的交易常軌。

（註：諸計劃表從略）

4.東京營業所方針

基本方針：

⑴為達成利益目標，希望能達成東京營業所所分擔的數目。

⑵東京的人口眾多，密度極高，但紅豆醬的人口密度卻依然很稀薄。紅豆醬是我們的主力製品，我們須將之與東京的人口密切地連盤起來。

具體方針：

⑴對代銷商與青果關係之政策

①須急激增加新的代銷店。

②須提高已設代銷店之交易額 200%以上。

③須深深的滲透到青果關係內部。

(2)對零售商與消費者之政策

須努力使人們認識紅豆醬。為此須著力於佈置樣品與宣傳推銷，以求增進銷售。

(註：諸計劃表從略)

5.名古屋營業所方針

基本方針：

(1)與代銷店之協調

採取直接銷售制之營業所，其最須注意的問題，就是如何與已有之代銷商保持協調的問題。

我們須從大局著眼，勉勵代銷商，一邊擴大銷售，一邊鼓勵熱情，以求擴大名古屋營業所管轄內之綜合性需要，奠定堅固的經營基礎。

(2)確保利益

名古屋營業所之最大使命，就是創造顧客與追求利益。

為要達成利益目標，希望能達成名古屋營業所所分擔到的數目。為此，我們必須明白名古屋營業所是整個公司中之一營業單位，是一個獨立作戰的單位，我們必須以富有獨創性之銷售技術，創造顧客，追求利益。

(3)目標

我們凡是認為對的事情，就必須貫徹到底。

我們須要自動發揮所有的能力，為達成超過去年度實績××%之目標而努力工作。

(註：諸計劃表從略)

6.總務部方針

基本方針：

(1)利益是公司的心臟，達成利益目標就可以結合公司的全部力量。

福澤諭吉說「爭利就是爭理」。利益是要自己創造，而不是要從別人那裏搶奪過來。當一個人貫通了新知識、新技術及新理想之後，利益就會產生出來。

(2)確保利益的有力手段，就是大力實施預算控制。

預算控制須有一位預算執行負責人。

預算執行負責人須負責執行預算。

➤根據銷貨預算的達成率計算支出預算。

(3)確立成本計算制度，檢討邊際利益率，研究增加利益。

又，➤根據邊際利益額之多少，而整頓各種品種。

(4)「天時不如地利，地利不如人和」，公司之方針，惟有全體員工同心協力而後才能達成。

須保持上下良好的聯絡關係，以確立理解與信賴的關係。

(5)「企業就是人」，所以公司的能力不可能超越員工的能力。然而，能力的開發卻是無止境的，而為充分的開發能力，我們須促進自我啟發，並增加公司內外的教育機會。

(6)壓縮資產，以促進總資產的週轉率。

(7)按照成果與工作情形決定薪資、分配利益。亦即要建立有工作意義的薪資體制。

(8)徹底實施信賞必罰主義。

凡徹底遵行的人，視業績之高低，均可獲得相當的報酬。並要培養其人的能力。

7.企劃股方針

基本方針：

(1)所有各種活動，均須針對達成利益目標而活動。

(2)為利益率較高之銷售、知名度、指名度而擴大促進銷售活動。

具體方針：

(1)擬定基本的銷售促進計劃案。

(2)有效的廣告宣傳活動。

(3)徹底的市場調查與廣告效果測驗。

(4)靈活運用丸產家庭俱樂部。

(5)為創造企業心象而展開公共關係活動。

(註：諸計劃表省略)

8.總務股與業務股方針

基本方針：

(1)以達成利益目標為最高的使命。

(2)以統一意識為前提，重視人性關係，努力創造光明的工作環境。發展公司之同時，尚須提高個人的社會地位。

(3)大力推行員工的教育訓練。

(4)研究實施提高工作熱情與士氣的政策。

(5)為求事務之更迅速、更正確化起見，須力求處理之合理化。

(6)須整理充實勞務、銷售等種種資料的總帳。

具體方針：

(1)勞務管理方面

①明確規定新組織下的責任、權限及職務分掌。

②積極推進提案制度。

③貫徹保健衛生政策。

④上下左右之聯絡關係之圓滑化。

⑤改善福利之政策。

⑵事務管理方面

①培養人才與提高士氣。

②各帳簿與總帳制度之檢討改善。

③徹底檢討接受訂購至貨款回收之各種簿表計算之事務工程，建立合理的事務體系。

④整理充實資料圖書。

⑤重新整頓客戶的總帳與資料。

⑥促進銷售、促進應收帳款之回收、充實統計資料。

（註：諸計劃表從略）

9.會計股方針

會計股長　鈴木修次

基本方針：

⑴為達成利益目標之積極的會計活動。

⑵會計活動之早期性數字方面之把握。

⑶有益於經營管理之正確資料之早期製作。

⑷預算控制之加強實施。

具體方針：

⑴預算控制方面

①預算執行之際，將帳簿交給各負責人，由自我管理預算額而徹底實行預算主義。

②鞏固各事營業別的獨立合算制。

③與營業部合作策劃積極的應收帳款回收政策。

④與製造部合作，積極策劃成本管理與庫存管理，以提高生活性。

⑤與總務部合作策劃提高成本意識的政策，以期能收到合理化與節減經費的效果。

(2)計數管理方面

①根據月次決算作利益與計劃的早期差異分析。

②要充實自有資本，做為長期計劃的建設資金之準備。

③檢討實施附加價值的增進政策。

④利用簡單明瞭的圖表，以為長期經營計劃的資料。

（註：諸計劃表從略）

10.製造部方針

基本方針：

(1)一切活動均須以達成利益目標為重點。

(2)我們要以更便宜、更好、更快為三大支柱，不走向局部的偏重主義，做好各課間之協調，活化創意研究，以求達成目標（年度中每人的生產量須增加 20%）。

(3)按照設備合理化四年計劃，須完成未來工廠之設計藍圖。

(4)除圖管理技術之進步外，尚須銘記「一切管理之出發點均在現場」。我們須推行與現場密切連貫的管理。

具體方針：

(1)更便宜的（合理化計劃）

①改進新工廠主設計。

②提高操作率。

③改善機械設備、提高處理能力。

④改善作業。

⑤提高開動率，提高成品率。

⑥徹底做好庫存管理。

⑦加強品質檢查制度。

(2)更好的（品質的提高）

①增設殺菌機。

②市場調查(改良品質、尊重嗜好性)。

③包裝資材之研究。

④充實檢查機關。

(3)更快的(嚴守交貨時限)

①加強工程管理。

②充實接受訂購之管理業務。

③努力實施有計劃的生產。

(註：諸計劃表從略)

11. 開發課方針

基本方針：

活動須具彈性，最後必須達成目標具體方針。

(1)有關原料成熟之研究

①活用益菌。

②運用無麴法。

(2)有關現製品之研究

①創造改善品質與包裝的獨創性新製品。

②徹底的品質管理，並實施價值分析。

(3)年間的銷售額對退貨比率，須在×%以內。

(4)機械與裝置之研究開發。

①殺菌機。

②送火機。

③混合機。

(5)有關包裝資材之研究。

(6)埃伊瑨之品質改良、高蛋白低熱量之豆醬之開發，已對目標之

達成盡了很大的貢獻。

12.管理課方針

基本方針：

(1)做價值分析，謀降低成本，以期達成利益目標。

(2)促進現有設備之合理化，須為達成總釀造目標××噸而努力。

具體方針：

(1)釀造、品質管理

①依現有設備及人員所能發揮之最大原料處理能力，須將日產噸數自××噸提高××噸。

②為要增加操作日數，在各部課之合作下，將儘量減少因例行休假而不能釀造的日數，須從前期之釀造×××增加至×××，增加操作率×%。

③要在製造部各課的合作下努力提高品質，希望能在市場上獲致好評，並希望能在全國品評會中，得優勝金牌獎。

④混合用的信州釀造法，須改造釀造庫與政變設計。這要以自己公司的努力去克服。

(2)資材管理

①徹底做好庫存管理，掃除不良庫存，須在業界與各課的合作下，努力確保適當庫存。

②運用傳票徹底做出入庫管理與檢收工作。

③隨時檢點整備各種機械，使不致於使用中發生故障。

(註：諸計劃表從略)

13.製造課方針

基本方針：

謀求品質之提高與安定，從事工程管理、降低成本等，以便努力

達成利益目標。

具體方針：

(1)根據受訂情形與庫存情況策訂生產計劃，提高生產力，以維持操作效率的目標線。

(2)相關作業之製品股、包裝股，其作業量必須保持平衡，並使之一定化。

(3)繼續注意每個工程的品質檢查，以安定出貨製品之品質。

(4)採用提高生產力所必須的編排設計，以提高操作率。

(5)有效的利用自動充填機，以提高操作率。

(6)在上下合作下，必須安定品質，將退貨率降低至年間×%以下。

心得欄

臺灣的核心競爭力，就在這裏！

圖 書 出 版 目 錄

　　憲業企管顧問（集團）公司為企業界提供診斷、輔導、培訓等專項工作。下列圖書是由臺灣的憲業企管顧問（集團）公司所出版，自 1993 年秉持專業立場，特別注重實務應用，50 餘位顧問師為企業界提供最專業的經營管理類圖書。

　　選購企管書，敬請認明品牌 ： 憲業企管公司。

1. 傳播書香社會，直接向本出版社購買，一律 9 折優惠，郵遞費用由本公司負擔。服務電話(02) 27622241　(03) 9310960　　傳真(03) 9310961
2. 付款方式：請將書款轉帳到我公司下列的銀行帳戶。
   - 銀行名稱：合作金庫銀行（敦南分行）　帳號：5034-717-347447
     公司名稱：憲業企管顧問有限公司
   - 郵局劃撥號碼：18410591　郵局劃撥戶名：憲業企管顧問公司
3. 圖書出版資料每週隨時更新，請見網站 www.bookstore99.com

────── 經營顧問叢書 ──────

146	主管階層績效考核手冊	360 元	226	商業網站成功密碼	360 元
147	六步打造績效考核體系	360 元	228	經營分析	360 元
148	六步打造培訓體系	360 元	229	產品經理手冊	360 元
149	展覽會行銷技巧	360 元	230	診斷改善你的企業	360 元
150	企業流程管理技巧	360 元	232	電子郵件成功技巧	360 元
152	向西點軍校學管理	360 元	234	銷售通路管理實務〈增訂二版〉	360 元
154	領導你的成功團隊	360 元	235	求職面試一定成功	360 元
155	頂尖傳銷術	360 元	236	客戶管理操作實務〈增訂二版〉	360 元
160	各部門編制預算工作	360 元	237	總經理如何領導成功團隊	360 元
163	只為成功找方法，不為失敗找藉口	360 元	238	總經理如何熟悉財務控制	360 元
			239	總經理如何靈活調動資金	360 元
167	網路商店管理手冊	360 元	240	有趣的生活經濟學	360 元
168	生氣不如爭氣	360 元	241	業務員經營轄區市場（增訂二版）	360 元
170	模仿就能成功	350 元			
176	每天進步一點點	350 元	242	搜索引擎行銷	360 元
181	速度是贏利關鍵	360 元	243	如何推動利潤中心制度（增訂二版）	360 元
183	如何識別人才	360 元			
184	找方法解決問題	360 元	244	經營智慧	360 元
185	不景氣時期，如何降低成本	360 元	245	企業危機應對實戰技巧	360 元
186	營業管理疑難雜症與對策	360 元	246	行銷總監工作指引	360 元
187	廠商掌握零售賣場的竅門	360 元	247	行銷總監實戰案例	360 元
188	推銷之神傳世技巧	360 元	248	企業戰略執行手冊	360 元
189	企業經營案例解析	360 元	249	大客戶搖錢樹	360 元
191	豐田汽車管理模式	360 元	252	營業管理實務（增訂二版）	360 元
192	企業執行力（技巧篇）	360 元	253	銷售部門績效考核量化指標	360 元
193	領導魅力	360 元	254	員工招聘操作手冊	360 元
198	銷售說服技巧	360 元	256	有效溝通技巧	360 元
199	促銷工具疑難雜症與對策	360 元	258	如何處理員工離職問題	360 元
200	如何推動目標管理（第三版）	390 元	259	提高工作效率	360 元
201	網路行銷技巧	360 元	261	員工招聘性向測試方法	360 元
204	客戶服務部工作流程	360 元	262	解決問題	360 元
206	如何鞏固客戶（增訂二版）	360 元	263	微利時代制勝法寶	360 元
208	經濟大崩潰	360 元	264	如何拿到 VC（風險投資）的錢	360 元
215	行銷計劃書的撰寫與執行	360 元			
216	內部控制實務與案例	360 元	267	促銷管理實務〈增訂五版〉	360 元
217	透視財務分析內幕	360 元	268	顧客情報管理技巧	360 元
219	總經理如何管理公司	360 元	269	如何改善企業組織績效〈增訂二版〉	360 元
222	確保新產品銷售成功	360 元			
223	品牌成功關鍵步驟	360 元	270	低調才是大智慧	360 元
224	客戶服務部門績效量化指標	360 元			

272	主管必備的授權技巧	360 元
275	主管如何激勵部屬	360 元
276	輕鬆擁有幽默口才	360 元
278	面試主考官工作實務	360 元
279	總經理重點工作（增訂二版）	360 元
282	如何提高市場佔有率（增訂二版）	360 元
283	財務部流程規範化管理（增訂二版）	360 元
284	時間管理手冊	360 元
285	人事經理操作手冊（增訂二版）	360 元
286	贏得競爭優勢的模仿戰略	360 元
287	電話推銷培訓教材（增訂三版）	360 元
288	贏在細節管理（增訂二版）	360 元
289	企業識別系統 CIS（增訂二版）	360 元
290	部門主管手冊（增訂五版）	360 元
291	財務查帳技巧（增訂二版）	360 元
292	商業簡報技巧	360 元
293	業務員疑難雜症與對策（增訂二版）	360 元
295	哈佛領導力課程	360 元
296	如何診斷企業財務狀況	360 元
297	營業部轄區管理規範工具書	360 元
298	售後服務手冊	360 元
299	業績倍增的銷售技巧	400 元
300	行政部流程規範化管理（增訂二版）	400 元
302	行銷部流程規範化管理（增訂二版）	400 元
304	生產部流程規範化管理（增訂二版）	400 元
305	績效考核手冊(增訂二版)	400 元
307	招聘作業規範手冊	420 元
308	喬・吉拉德銷售智慧	400 元
309	商品鋪貨規範工具書	400 元
310	企業併購案例精華（增訂二版）	420 元
311	客戶抱怨手冊	400 元

312	如何撰寫職位說明書（增訂二版）	400 元
313	總務部門重點工作（增訂三版）	400 元
314	客戶拒絕就是銷售成功的開始	400 元
315	如何選人、育人、用人、留人、辭人	400 元
316	危機管理案例精華	400 元
317	節約的都是利潤	400 元
318	企業盈利模式	400 元
319	應收帳款的管理與催收	420 元
320	總經理手冊	420 元
321	新產品銷售一定成功	420 元
322	銷售獎勵辦法	420 元
323	財務主管工作手冊	420 元
324	降低人力成本	420 元
325	企業如何制度化	420 元
326	終端零售店管理手冊	420 元
327	客戶管理應用技巧	420 元
328	如何撰寫商業計畫書（增訂二版）	420 元
329	利潤中心制度運作技巧	420 元
330	企業要注重現金流	420 元
331	經銷商管理實務	450 元
332	內部控制規範手冊（增訂二版）	420 元
333	人力資源部流程規範化管理（增訂五版）	420 元
334	各部門年度計劃工作（增訂三版）	420 元
335	人力資源部官司案件大公開	420 元
336	高效率的會議技巧	420 元
337	企業經營計劃〈增訂三版〉	420 元

《商店叢書》

18	店員推銷技巧	360 元
30	特許連鎖業經營技巧	360 元
35	商店標準操作流程	360 元
36	商店導購口才專業培訓	360 元
37	速食店操作手冊〈增訂二版〉	360 元

38	網路商店創業手冊〈增訂二版〉	360元
40	商店診斷實務	360元
41	店鋪商品管理手冊	360元
42	店員操作手冊（增訂三版）	360元
44	店長如何提升業績〈增訂二版〉	360元
45	向肯德基學習連鎖經營〈增訂二版〉	360元
47	賣場如何經營會員制俱樂部	360元
48	賣場銷量神奇交叉分析	360元
49	商場促銷法寶	360元
53	餐飲業工作規範	360元
54	有效的店員銷售技巧	360元
55	如何開創連鎖體系〈增訂三版〉	360元
56	開一家穩賺不賠的網路商店	360元
57	連鎖業開店複製流程	360元
58	商舖業績提升技巧	360元
59	店員工作規範（增訂二版）	400元
61	架設強大的連鎖總部	400元
62	餐飲業經營技巧	400元
64	賣場管理督導手冊	420元
65	連鎖店督導師手冊（增訂二版）	420元
67	店長數據化管理技巧	420元
68	開店創業手冊〈增訂四版〉	420元
69	連鎖業商品開發與物流配送	420元
70	連鎖業加盟招商與培訓作法	420元
71	金牌店員內部培訓手冊	420元
72	如何撰寫連鎖業營運手冊〈增訂三版〉	420元
73	店長操作手冊（增訂七版）	420元
74	連鎖企業如何取得投資公司注入資金	420元
75	特許連鎖業加盟合約〈增訂二版〉	420元
76	實體商店如何提昇業績	420元
77	連鎖店操作手冊（增訂六版）	420元

《工廠叢書》

15	工廠設備維護手冊	380元
16	品管圈活動指南	380元
17	品管圈推動實務	380元
20	如何推動提案制度	380元
24	六西格瑪管理手冊	380元
30	生產績效診斷與評估	380元
32	如何藉助IE提升業績	380元
38	目視管理操作技巧(增訂二版)	380元
46	降低生產成本	380元
47	物流配送績效管理	380元
51	透視流程改善技巧	380元
55	企業標準化的創建與推動	380元
56	精細化生產管理	380元
57	品質管制手法〈增訂二版〉	380元
58	如何改善生產績效〈增訂二版〉	380元
68	打造一流的生產作業廠區	380元
70	如何控制不良品〈增訂二版〉	380元
71	全面消除生產浪費	380元
72	現場工程改善應用手冊	380元
77	確保新產品開發成功（增訂四版）	380元
79	6S管理運作技巧	380元
84	供應商管理手冊	380元
85	採購管理工作細則〈增訂二版〉	380元
88	豐田現場管理技巧	380元
89	生產現場管理實戰案例〈增訂三版〉	380元
92	生產主管操作手冊(增訂五版)	420元
93	機器設備維護管理工具書	420元
94	如何解決工廠問題	420元
96	生產訂單運作方式與變更管理	420元
97	商品管理流程控制(增訂四版)	420元
101	如何預防採購舞弊	420元
102	生產主管工作技巧	420元
103	工廠管理標準作業流程〈增訂三版〉	420元

104	採購談判與議價技巧〈增訂三版〉	420 元
105	生產計劃的規劃與執行(增訂二版)	420 元
106	採購管理實務〈增訂七版〉	420 元
107	如何推動 5S 管理（增訂六版）	420 元
108	物料管理控制實務〈增訂三版〉	420 元
109	部門績效考核的量化管理（增訂七版）	420 元
110	如何管理倉庫〈增訂九版〉	420 元
111	品管部操作規範	420 元

《醫學保健叢書》

1	9 週加強免疫能力	320 元
3	如何克服失眠	320 元
4	美麗肌膚有妙方	320 元
5	減肥瘦身一定成功	360 元
6	輕鬆懷孕手冊	360 元
7	育兒保健手冊	360 元
8	輕鬆坐月子	360 元
11	排毒養生方法	360 元
13	排除體內毒素	360 元
14	排除便秘困擾	360 元
15	維生素保健全書	360 元
16	腎臟病患者的治療與保健	360 元
17	肝病患者的治療與保健	360 元
18	糖尿病患者的治療與保健	360 元
19	高血壓患者的治療與保健	360 元
22	給老爸老媽的保健全書	360 元
23	如何降低高血壓	360 元
24	如何治療糖尿病	360 元
25	如何降低膽固醇	360 元
26	人體器官使用說明書	360 元
27	這樣喝水最健康	360 元
28	輕鬆排毒方法	360 元
29	中醫養生手冊	360 元
30	孕婦手冊	360 元
31	育兒手冊	360 元
32	幾千年的中醫養生方法	360 元
34	糖尿病治療全書	360 元

35	活到 120 歲的飲食方法	360 元
36	7 天克服便秘	360 元
37	為長壽做準備	360 元
39	拒絕三高有方法	360 元
40	一定要懷孕	360 元
41	提高免疫力可抵抗癌症	360 元
42	生男生女有技巧〈增訂三版〉	360 元

《培訓叢書》

11	培訓師的現場培訓技巧	360 元
12	培訓師的演講技巧	360 元
15	戶外培訓活動實施技巧	360 元
17	針對部門主管的培訓遊戲	360 元
21	培訓部門經理操作手冊（增訂三版）	360 元
23	培訓部門流程規範化管理	360 元
24	領導技巧培訓遊戲	360 元
26	提升服務品質培訓遊戲	360 元
27	執行能力培訓遊戲	360 元
28	企業如何培訓內部講師	360 元
29	培訓師手冊（增訂五版）	420 元
31	激勵員工培訓遊戲	420 元
32	企業培訓活動的破冰遊戲（增訂二版）	420 元
33	解決問題能力培訓遊戲	420 元
34	情商管理培訓遊戲	420 元
35	企業培訓遊戲大全(增訂四版)	420 元
36	銷售部門培訓遊戲綜合本	420 元
37	溝通能力培訓遊戲	420 元
38	如何建立內部培訓體系	420 元
39	團隊合作培訓遊戲(增訂四版)	420 元

《傳銷叢書》

4	傳銷致富	360 元
5	傳銷培訓課程	360 元
10	頂尖傳銷術	360 元
12	現在輪到你成功	350 元
13	鑽石傳銷商培訓手冊	350 元
14	傳銷皇帝的激勵技巧	360 元
15	傳銷皇帝的溝通技巧	360 元
19	傳銷分享會運作範例	360 元
20	傳銷成功技巧（增訂五版）	400 元

21	傳銷領袖（增訂二版）	400 元
22	傳銷話術	400 元
23	如何傳銷邀約	400 元

《幼兒培育叢書》

1	如何培育傑出子女	360 元
2	培育財富子女	360 元
3	如何激發孩子的學習潛能	360 元
4	鼓勵孩子	360 元
5	別溺愛孩子	360 元
6	孩子考第一名	360 元
7	父母要如何與孩子溝通	360 元
8	父母要如何培養孩子的好習慣	360 元
9	父母要如何激發孩子學習潛能	360 元
10	如何讓孩子變得堅強自信	360 元

《成功叢書》

1	猶太富翁經商智慧	360 元
2	致富鑽石法則	360 元
3	發現財富密碼	360 元

《企業傳記叢書》

1	零售巨人沃爾瑪	360 元
2	大型企業失敗啟示錄	360 元
3	企業併購始祖洛克菲勒	360 元
4	透視戴爾經營技巧	360 元
5	亞馬遜網路書店傳奇	360 元
6	動物智慧的企業競爭啟示	320 元
7	CEO 拯救企業	360 元
8	世界首富　宜家王國	360 元
9	航空巨人波音傳奇	360 元
10	傳媒併購大亨	360 元

《智慧叢書》

1	禪的智慧	360 元
2	生活禪	360 元
3	易經的智慧	360 元
4	禪的管理大智慧	360 元
5	改變命運的人生智慧	360 元
6	如何吸取中庸智慧	360 元
7	如何吸取老子智慧	360 元
8	如何吸取易經智慧	360 元
9	經濟大崩潰	360 元
10	有趣的生活經濟學	360 元

11	低調才是大智慧	360 元

《DIY 叢書》

1	居家節約竅門 DIY	360 元
2	愛護汽車 DIY	360 元
3	現代居家風水 DIY	360 元
4	居家收納整理 DIY	360 元
5	廚房竅門 DIY	360 元
6	家庭裝修 DIY	360 元
7	省油大作戰	360 元

《財務管理叢書》

1	如何編制部門年度預算	360 元
2	財務查帳技巧	360 元
3	財務經理手冊	360 元
4	財務診斷技巧	360 元
5	內部控制實務	360 元
6	財務管理制度化	360 元
8	財務部流程規範化管理	360 元
9	如何推動利潤中心制度	360 元

為方便讀者選購，本公司將一部分上述圖書又加以專門分類如下：

《主管叢書》

1	部門主管手冊（增訂五版）	360 元
2	總經理手冊	420 元
4	生產主管操作手冊（增訂五版）	420 元
5	店長操作手冊（增訂六版）	420 元
6	財務經理手冊	360 元
7	人事經理操作手冊	360 元
8	行銷總監工作指引	360 元
9	行銷總監實戰案例	360 元

《總經理叢書》

1	總經理如何經營公司(增訂二版)	360 元
2	總經理如何管理公司	360 元
3	總經理如何領導成功團隊	360 元
4	總經理如何熟悉財務控制	360 元
5	總經理如何靈活調動資金	360 元
6	總經理手冊	420 元

《人事管理叢書》

1	人事經理操作手冊	360 元
2	員工招聘操作手冊	360 元

3	員工招聘性向測試方法	360 元
5	總務部門重點工作（增訂三版）	400 元
6	如何識別人才	360 元
7	如何處理員工離職問題	360 元
8	人力資源部流程規範化管理（增訂四版）	420 元
9	面試主考官工作實務	360 元
10	主管如何激勵部屬	360 元
11	主管必備的授權技巧	360 元
12	部門主管手冊（增訂五版）	360 元

《理財叢書》

1	巴菲特股票投資忠告	360 元
2	受益一生的投資理財	360 元
3	終身理財計劃	360 元
4	如何投資黃金	360 元
5	巴菲特投資必贏技巧	360 元
6	投資基金賺錢方法	360 元

7	索羅斯的基金投資必贏忠告	360 元
8	巴菲特為何投資比亞迪	360 元

《網路行銷叢書》

1	網路商店創業手冊〈增訂二版〉	360 元
2	網路商店管理手冊	360 元
3	網路行銷技巧	360 元
4	商業網站成功密碼	360 元
5	電子郵件成功技巧	360 元
6	搜索引擎行銷	360 元

《企業計劃叢書》

1	企業經營計劃〈增訂二版〉	360 元
2	各部門年度計劃工作	360 元
3	各部門編制預算工作	360 元
4	經營分析	360 元
5	企業戰略執行手冊	360 元

請保留此圖書目錄：

　　未來在長遠的工作上，此圖書目錄

可能會對您有幫助！！

在海外出差的⋯⋯⋯
台灣上班族

愈來愈多的台灣上班族，到大陸工作（或出差），對工作的努力與敬業，是台灣上班族的核心競爭力；一個明顯的例子，返台休假期間，台灣上班族都會抽空再買書，設法充實自身專業能力。

[憲業企管顧問公司]以專業立場，為企業界提供最專業的各種經營管理類圖書。

85%的台灣上班族都曾經有過購買（或閱讀）[憲業企管顧問公司]所出版的各種企管圖書。

尤其是在競爭激烈或經濟不景氣時，更要加強投資在自己的專業能力，建議你：

工作之餘要多看書，加強競爭力。

建立企業圖書館

當 市 場 競 爭 激 烈 時：

培訓員工，強化員工競爭力
是企業最佳對策

「人才」是企業最大的財富。如何提升人才，是企業永續經營、戰勝對手的核心競爭力。積極培訓公司內部員工，是經濟不景氣時期的最佳戰略，而最快速的具體作法，就是「建立企業內部圖書館，鼓勵員工多閱讀、多進修專業書藉」

建議您：請一次購足本公司所出版各種經營管理類圖書，作為貴公司內部員工培訓圖書。使用率高的（例如「贏在細節管理」），準備 3 本；使用率低的（例如「工廠設備維護手冊」），只買 1 本。

給 總 經 理 的 話

　　總經理公事繁忙，還要設法擠出時間，赴外上課進修學習，努力不懈，力爭上游。

　　總經理拚命充電，但是員工呢？

　　公司的執行仍然要靠員工，為什麼不要讓員工一起進修學習呢？

　　買幾本好書，交待員工一起讀書，或是買好書送給員工當禮品。簡單、立刻可行，多好的事！

經營顧問叢書 ③37　　　　售價：420 元

企業經營計劃〈增訂三版〉

西元二○一九年十二月	增訂三版一刷
西元二○一四年八月	二版二刷
西元二○一○年十二月	二版一刷

編著：章煌明　黃憲仁

策劃：麥可國際出版有限公司（新加坡）

編輯：蕭玲

校對：劉飛娟

發行人：黃憲仁

發行所：憲業企管顧問有限公司

電話：(02) 2762-2241　(03) 9310960　0930872873

電子郵件聯絡信箱：huang2838@yahoo.com.tw

銀行 ATM 轉帳：合作金庫銀行　帳號：5034-717-347447

郵政劃撥：18410591　憲業企管顧問有限公司

江祖平律師顧問：紙品書、數位書著作權與版權均歸本公司所有

登記證：行政業新聞局版台業字第 6380 號

本公司徵求海外版權出版代理商（0930872873）

本圖書是由憲業企管顧問（集團）公司所出版，以專業立場，為企業界提供最專業的各種經營管理類圖書。

圖書編號 ISBN：978-986-369-087-0